齐民友 ◎ 著

数学与文化

MATHEMATICS AND CULTURE

SCIENCE & HUMANITIES

02

数学科学文化理念传播丛书（第二辑）

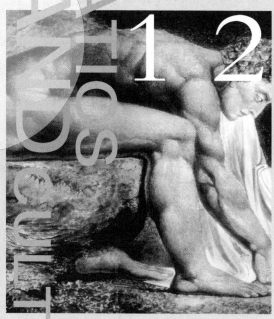

1 2 3 4

大连理工大学出版社
Dalian University of Technology Press

图书在版编目(CIP)数据

数学与文化 / 齐民友著. --大连 ： 大连理工大学
出版社，2023.1

（数学科学文化理念传播丛书. 第二辑）

ISBN 978-7-5685-4082-7

Ⅰ. ①数… Ⅱ. ①齐… Ⅲ. ①数学－文化研究 Ⅳ.
①O1-05

中国版本图书馆 CIP 数据核字(2022)第 250888 号

数学与文化
SHUXUE YU WENHUA

大连理工大学出版社出版
地址：大连市软件园路 80 号　邮政编码：116023
发行：0411-84708842　邮购：0411-84708943　传真：0411-84701466
E-mail：dutp@dutp.cn　　URL：https://www.dutp.cn
辽宁新华印务有限公司印刷　　　　　大连理工大学出版社发行

幅面尺寸：185mm×260mm	印张：14.25	字数：229 千字
2023 年 1 月第 1 版		2023 年 1 月第 1 次印刷

责任编辑：王　伟　　　　　　　　　　　责任校对：李宏艳
封面设计：冀贵收

ISBN 978-7-5685-4082-7　　　　　　　　定价：69.00 元

数学科学文化理念传播丛书·第二辑

编 写 委 员 会

<u>丛书主编</u>　丁石孙
委　　员　（按姓氏笔画排序）

王　前　史树中　刘新彦
齐民友　汪　浩　张祖贵
张景中　张楚廷　孟实华
胡作玄　徐利治

写在前面①

一

　　20 世纪 80 年代,钱学森同志曾在一封信中提出了一个观点.他认为数学应该与自然科学和社会科学并列,他建议称为数学科学.当然,这里问题并不在于是用"数学"还是用"数学科学".他认为在人类的整个知识系统中,数学不应该被看成自然科学的一个分支,而应提高到与自然科学和社会科学同等重要的地位.

　　我基本上同意钱学森同志的这个意见.数学不仅在自然科学的各个分支中有用,而且在社会科学的很多分支中有用.随着科学的飞速发展,不仅数学的应用范围日益广泛,同时数学在有些学科中的作用也愈来愈深刻.事实上,数学的重要性不只在于它与科学的各个分支有着广泛而密切的联系,而且数学自身的发展水平也在影响着人们的思维方式,影响着人文科学的进步.总之,数学作为一门科学有其特殊的重要性.为了使更多人能认识到这一点,我们决定编辑出版"数学·我们·数学"这套小丛书.与数学有联系的学科非常多,有些是传统的,即那些长期以来被人们公认与数学分不开的学科,如力学、物理学以及天文学等.化学虽然在历史上用数学不多,不过它离不开数学是大家都看到的.对这些学科,我们的丛书不打算多讲,我们选择的题目较多的是那些与数学的关系虽然密切,但又不大被大家注意的学科,或者是那些直到近些年才与数学发生较为密切关系的学科.我们这套丛书并不想写成学术性的专著,而是力图让更大范

① "一"为丁石孙先生于 1989 年 4 月为"数学·我们·数学"丛书出版所写,此处略有改动;"二"为丁石孙先生 2008 年为"数学科学文化理念传播丛书"第二辑出版而写.

围的读者能够读懂,并且能够从中得到新的启发.换句话说,我们希望每本书的论述是通俗的,但思想又是深刻的.这是我们的目的.

我们清楚地知道,我们追求的目标不容易达到.应该承认,我们很难做到每一本书都写得很好,更难保证书中的每个论点都是正确的.不过,我们在努力.我们恳切希望广大读者在读过我们的书后能给我们提出批评意见,甚至就某些问题展开辩论.我们相信,通过讨论与辩论,问题会变得愈来愈清楚,认识也会愈来愈明确.

二

大连理工大学出版社的同志看了"数学·我们·数学",认为这套丛书的立意与该社目前正在策划的"数学科学文化理念传播丛书"的主旨非常吻合,因此出版社在征得每位作者的同意之后,表示打算重新出版这套丛书.作者经过慎重考虑,决定除去原版中个别的部分在出版前要做文字上的修饰,并对诸如文中提到的相关人物的生卒年月等信息做必要的更新之外,其他基本保持不动.

在我们正准备重新出版的时候,我们悲痛地发现我们的合作者之一史树中同志因病于上月离开了我们.为了纪念史树中同志,我们建议在丛书中仍然保留他所做的工作.

最后,请允许我代表丛书的全体作者向大连理工大学出版社表示由衷的感谢!

丁石孙

2008 年 6 月

再版序言

开始打主意写这本书是 1988 年,也就是 20 年前的事了.那时还没有想到这里的困难有多大.于是说了一句"豪言壮语":通俗作品应该努力做到"通而不俗",结果是给自己出了一个难题.因此,这本书本应重写.但是我 20 年来也不一定有多大进步,写不出什么好作品;再加上仍然有朋友想看看这本书,因此也就勉为其难地同意了.所以新版也只能是改正了一些文字性质的错误,补充了一些引文——这些年来,有不少经典之作有了中译本,例如牛顿的《原理》就有了王克迪的译本,由武汉出版社 1992 年出版.本书的引文自应作相应的核对.但因时间限制,没有在我的书上找到相应的文字,只好作罢,并向这些译者致歉.

再版时有一个新情况:许多大学为非数学专业的学生开设了数学文化课程.而且有不少同志以为对于数学专业也应该(甚至是更需要)开设类似的课程.于是教材问题就突出了.这方面,我以为 R. Courant 和 H. Robbins 的 *What is Mathematics?*(有好几个中译本,前几年,由 I. Stewart 主持还出了一个增订的新版,已由复旦大学出版社 2005 年出版)自是经典之作.还有一本书:E. Cramer, *The Nature and Progress of Modern Mathematics*,由舒五昌等译为《大学数学》(有删节),由复旦大学出版社 1987 年出版,我以为是很有用的书.这些书至少有一个优点,即数学上可靠(R. Courant 和 H. Robbins, *What is Mathematics?* 是经典之作,自然不在话下).所以对于我们至少是值得参考.

但是想在一本书内涵盖比较广泛的数学内容,实非易事.所以,在本书初版时,作者就知难而退,把自己限制在如何认识现实空间这个问题上.但是即令如此,仍然太困难.只好自我解嘲说,能说明一个问题也就不错了,何况这仍然是作者做不到的.因为一本书,如果谁想要做到"通"字,那是极限的理想状况,是做不到的,只能希望不要闹太大太多的笑话;而且不可避免地会有一点"俗".但我还以为,数学书怎么说也是数学书,不能不讲数学.学生怎么说也还是希望能知道一点数学,这就需要选择必要的而又是学生能接受的数学知识.所以在这里愿向读者推荐几本可以读,读了一定会对于数学作为文化有一些新知的书.因为本书讲非欧几何较多,而现在许多人又以为这不过是将近300年前的一桩公案,已经没有多少现实意义了.最多还可以联系到一点公理系统的相容性之类的问题.但我在去年翻译了一本复分析的书:T. Needham, *Visual Complex Analysis*(复分析,可视化方法),(此书英文版可以在人民邮电出版社买到,中译本大概不久后也将由该社出版).该书作者以为可以用它作为非欧几何的教材,而且提出了教学的建议.我以为这些建议是可行的;而且使我们知道,非欧几何不只是一桩笔墨官司,也不只是涉及逻辑和数学基础的问题(当然,它确实是与逻辑和数学基础密切相关的),而且更涉及人类对于空间本性的理解这些哲学和物理学问题.可能读者会疑惑,那本书是复变函数论的教本,对于一般读者是否太深? 实际上,它的这一部分只用到复数的概念和几何表示.所以对于多数大学生(不一定是数学专业的学生)和中学教师都是容易接受的.(我甚至以为对优秀的高中生,也是部分地可以接受的.)特别是,其中有关于高斯和黎曼的思想的介绍,有关于埃尔朗根纲领的精彩解说,还有为什么不可能有三维复数的说明,使得低年级大学生就可以接触到数学作为一种文化的深刻的问题,所以是一本难得的书.

由此书的翻译又联想到一件事.要想把数学作为一种文化介绍给读者和学生,讲一些数学史是一个好方法.但是常见的数学史专书时常失于过专,与具体的数学知识有些脱节. Needham 写这本书时,常引用另一本书:J. C. Stillwell, *Mathematics and its History*. 这是一本数学史著作,可是书名叫《数学及其历史》,不叫数学史,可见是想多讲一点数学的了.其中对涉及的数学知识做了深入浅出的介绍,甚至还有一些习题,大学本科生(以及优秀的高中生)必不感到很难,对于开设数学文化一类课程必有帮助.此书据说高等教育出版社正在组织翻译.希望能满足读者的要求.

本书初版涉及哥德尔(Gödel)定理.这个定理出现在 20 世纪 30 年代,至今已近 80 年了.可是它的意义越来越明显,而且不只在数学上,更涉及物理学与计算机科学,所以世人对它的关心也日盛一日.但是它又十分难懂,硬去"介绍"又易流于空谈,包括 R. Penrose 这样的大物理学家,对哥德尔理论的讨论也难免行家微词.但是,在 21 世纪的今天,讨论数学文化(特别是对数学专业的大学生谈数学文化)又怎能绕过哥德尔理论呢? 所以作者有一个心愿:找一本行家认可、多数读者又能读懂的,介绍哥德尔理论的书(前述舒五昌等翻译的书中有一点介绍),但一直未能如愿.有一本书:E. Nagel, J. R. Newman, *Gödel's Proof*,第 1 版出版于 1957 年.2001 年由 R. Hofstadter 编辑出了新版,由 New York University Press 出版.从书评来看,这是一本很成功的书,浅显易读,好评甚多.但也据说,哥德尔本人对第 1 版的解说并不认可.不知是否有出版社能注意于此?

齐民友

2008 年 6 月

序 言

　　开始打算写这样一本书直接的起因是 1988 年夏天的一件事.在和几位朋友谈到数学时,我提出了一个大胆的想法.一个没有现代数学的文化是注定要衰落的.朋友们都是数学同行,当然都是赞同这个说法的,而且大家都感到只看到数学对于现代科学技术的作用是远远不够的,数学对于人类文化的影响要深远得多.我们这一批老朋友通常的习惯是,只要聚集在一起,就要谈论数学遭到的冷遇及种种看不惯的事,痛心疾首,直到深夜,然后还是个人干自己的事,似乎谁也没有羡慕过别人的"效益",到下一次在一起又再议论一番.但是一个问题一直萦绕着我,不太容易摆脱了:数学对于人类文化的影响何在?

　　第二年,我为武汉大学哲学系的学生讲了一点数学课,这其实也是老想法了.如果按通常的办法在微积分以后再多讲一点具体的东西,似乎对文科学生没有什么用;如果讲一点"新三论""老三论",说老实的,我很佩服我们的老祖宗对"数"有特殊的爱好:"四"维"八"德、"十"全大补、"九九"艳阳……谁说中国人不重视数学呢?而我对这些高论,实在大不敬得很,没有首先"忏悔"自己不懂"耗散""突变"之为论,而是很奇怪:立论何以必"三",不是"四论",更不是"五论"? 我想,还是讲一点实实在在的东西吧.一位朋友说,哪有一点都不需要算的数学,但是对哲学系的学生而言,更重要的是数学思想.于是我选了非欧几何这样一个题目.我想,至少同学们会知道,关于"空间是什么",数学家提出了如此革命性的思想,远不是靠几句空话,而是做了极其艰苦的努力,积两千年穷根究底的探讨.如果同学们知道了科学上的事绝没有可以偷巧的,理科、文科统统一样,那就是积了一点阴德了.懂一点非欧几何,知道一点数学基础方面的争论,对学哲学学生的好处,当不亚于知道一点弗洛伊德或法伊尔阿本德(Feyerabend,1924—

1994,美国哲学家)——不过我怀疑有几个人真肯念一点法伊尔阿本德的书.对这位老先生心仪久矣,却是只听楼梯响,不见人下来.中国人似乎更容易满足,听见楼梯响也就如见其人了.所以直到今年4月,我才找到他的著作的第一个中译本《自由社会中的科学》(上海译文出版社)——讲这样一门课得益最大的是我,因为他逼着我读了一点过去想读而未读的书.

这门课的讲稿就成了这本书的第一个稿子.这时我已开始感觉到数学对人类文化的影响(还需多做探讨),在于它代表了一种理性主义的探索精神.说它是理性主义的并不否认它表现了一种热情.实际上,没有一种极大的热情支持,人们怎么会倾毕生之力去研究一些时常看不见实际应用的问题呢?因为这个想法是逐渐形成的,所以写起来时而明白一些,时而又感到没有真讲清楚,虽然一再修改,终于难以满意.交稿的时间到了,我也只好把这本小书交给读者审阅,如能得到批评和教正,将来再有机会,可把问题说得清楚一点,也就不辜负朋友们和出版社的好意了.

特别要感谢老朋友康宏达.不仅因为他出了许多主意,而且因为,这里面的许多问题是我们多年来谈论的事.我要向他致歉,因为没有留下更多的时间让他严格地评论这本小书.

齐民友

1990 年 5 月

从一无所有之中创立了一个新宇宙

——读齐民友著《数学与文化》

　　书有两种写法.尽量收集有关资料,加以排比归类,从中总结出几个观点,增添些自己的见解,逐条写去,好歹总能成书.另一种写法是陈言务去,尽力把自己拔高,使"我"的观点、思想达到前所未有的高度,"身高殊不觉,四顾乃无峰",居高临下,有述有议;同时点燃起胸中炽热的火,理智与感情俱见于笔端,从而使读者在书的感染下也激动起来.本书正是在四顾无峰的高度上写成的.

　　数学与文化,这个题目很少有人写过,系统的长篇论著,本书也许是第一部,至少在国内是如此.

　　一开头作者齐民友教授便提出了前无古人的观点"没有现代的数学就不会有现代的文化,没有现代数学的文化是注定要衰落的";"不掌握数学作为一种文化的民族也注定要衰落的".数学对科学技术的作用非常巨大,这是人人皆知的事实.然而,作者认为,只看到数学对科技的作用是不够的,数学对人类文化的影响要深刻得多,长远得多,而这一方面恰恰并非大家都清楚.

　　那么,这种影响表现在哪里呢?就在于"数学代表了一种理性主义的探索精神".与艺术不同,艺术着重感情的熏陶,拨动人的心弦,使人激发;数学鼓舞人们从事理性探索,使人深刻.二者都给人以美,两种不同的相互补充的美!理性探索什么呢?这就是"认识宇宙,也认识自己",作者把这叫"永恒的主题".本书自始至终都是围绕这一主题而展开的,它主要论述人类对宇宙的几何性质的探索以及对数学基础的探索.

全书共三章,外加一"绪言".作者在绪言中把自己的思想叙述得清楚而简明.

第一章"理性的觉醒".从古希腊几何学讲起,直到1899年希尔伯特《几何基础》问世.其中涉及欧几里得的《几何原本》、数学与第一次科学革命的关系以及在这次革命中矗立的四位巨人哥白尼、开普勒、伽利略和牛顿的贡献;此外,还谈到莱布尼茨、笛卡儿、斯宾诺莎、培根和霍布斯等人.在他们的影响下,人类从宗教和迷信的束缚下解放出来,理性思维伸展到各个领域.不仅天文学、物理学、哲学深受数学的影响,连美国的《独立宣言》也借用了数学中公理化的方法.

第二章"数学反思呼唤着暴风雨".理性思维不能容忍眼中的微尘,数学家对平行公理的长时期的反思,其结果是非欧几何的发现.这是第一场暴风雨,其深远而巨大的后果在于导致相对论的诞生,在于改变人类对宇宙的认识.它也是一个重要的例证,证明"人类悟性的自由创造"有时会具有一万颗原子弹所无法比拟的强大威力.的确,如果人们只拘泥于"经验归纳",怎么可能发现非欧几何及其后的相对论呢?遗憾的是,"悟性的自由创造"常常遭到一些幼稚无知的非议.历史证明:"悟性的创造"与"经验的归纳"是科学创造的双翼,是不可或缺的.另一场暴风雨发生在数学基础的研究中,其高潮是哥德尔定理的出现.作者详细地论述了这场暴风雨的酝酿、产生及其后的发展,它的重要意义及对计算机科学的影响.为了帮助读者对内容有确切的数学理解,书中叙述并证明了有关几何学的许多定理,这使得本书不至于成为泛泛的务虚之作.

第三章"我从一无所有之中创造了一个新宇宙".作者把我们引回到上述那个永恒的主题,并叙述时至今日的新进展.在"认识宇宙"方面,从欧几里得、鲍耶父子、罗巴切夫斯基到高斯、黎曼,最后是爱因斯坦,终于"从一无所有之中创立了一个新宇宙"——弯曲的宇宙.请注意"一无所有"而不是用了"万吨钢材",于是我们不能不承认这是人类理性或悟性的伟大成就.在"认识自己"方面,作者评述了各种悖论、三大主义(逻辑主义、直觉主义、形式主义)、哥德尔定理,最后归结到计算机.作者认为,计算机不仅改变了我们的生活,而且会根本上改变人类对自己的看法.数学帮助人们制造了计算机,同时也使我们懂得了它的局限性.

　　以上是评论者对本书主要思想的理解,未必切合作者原意.本书的特点是思想深刻,内容广博,在主要问题上充分展开,极力驰骋,旁征博引,取材丰富,涉及世界史、哲学史、数学史(东方史似乎少些)、现代物理甚至具体到计算机的程序.从"希腊衰落""三角形内角和小于180度"(罗氏几何)的证明到李白的文句"夫天地者,万物之逆旅……"洋洋大观,诸体皆备.作者对爱因斯坦非常尊崇,书中讲到其一段轶事:1919年对日全食的观测证实了广义相对论,一位学生问他,如果观测失败又怎么样?爱因斯坦回答说:"那我就要为亲爱的上帝遗憾了,这个理论是正确的."书中除名人轶事外,还有许多作者自己的隽言妙语,诸如在谈到通俗科普作品时说:应该做到"通而不俗",而不是"俗而不通".讲到一些大数学家如康托尔、哥德尔都患有精神病,作者说:"卓越的人时常是孤独的、悲哀的人,他们离群索居,难得人们理解……"先天精神病者甚至天才,他们也许是智力畸形者,但正因为畸形,他们才见到了常人所见不到的东西.然而,到底谁是先天精神病者,恐怕是一场新的庄周与蝴蝶之争吧!

王梓坤

2008 年 6 月

目　录

绪　言

　　一种没有相当发达的数学的文化是注定要衰落的,一个不将数学作为一种文化的民族也是注定要衰落的.我手边是《爱因斯坦文集》第一卷,是商务印书馆 1976 年出版的.翻开第一篇是他的"自述"(1946):"我已经 67 岁了,坐在这里,为的是要写点类似自己的讣告那样的东西."这篇文章多次吸引过我,而在动手写《数学与文化》时,对它的回忆又浮上我的心头.他说:

> "当我还是一个相当早熟的少年的时候,我就已经深切地意识到,大多数人终生无休止地追逐的那些希望和努力是毫无价值的.而且,我不久就发现了这种追逐的残酷,这在当年较之今天是更加精心地用伪善和漂亮的字句掩饰着的.每个人只是因为有个胃,就注定要参与这种追逐.而且,由于参与这种追逐,他的胃是有可能得到满足的;但是一个有思想、有感情的人却不能由此而得到满足."

　　就是说人除了物质生活的需要外,还有精神生活的需要.举例来说,为了满足自己的胃,在爱因斯坦生活的那个世界里,人们不得不追逐、竞争:被剥削是痛苦的,剥削人是残酷的.正因为如此,有思想、有感情的人不得不思索着人类的未来.在没有剥削的社会里,如果只看到人的物质需要,忘记了人是有思想、有感情的,则人的需要就变成单纯生物性的需要,这是很可怕的.讨论文化问题,固然可以列举文化的各个部门:科学、文学、艺术、政治、宗教、伦理……请注意,数学也是文化的一部分,我们可以讨论数学对其他文化部门的影响,但是在我看来更根本的是去思索一下人类的精神生活以及数学对它的影响.我愿这样来看待文化问题.

满足人的精神生活需要有许多方面,人的精神生活有理性的与感性的两个方面.对后一领域,不妨谈到音乐.曾有人说,数学是理性的音乐,音乐是感性的数学.爱因斯坦一生热爱音乐,他就说过:"音乐和物理学领域中的研究工作在起源上是不同的,可是被共同的目标联系着,就是对表达未知的东西的企求⋯⋯这个世界可以由音乐的音符组成,也可以由数学的公式组成.我们试图创造合理的世界图像,使我们在那里面就像感到在家里一样,并且可以获得我们在日常生活中不能达到的安定."①绝大多数人从事于数学是基于人类物质生活上的需要,但是在这一过程中确实也使人产生一种精神上的需要:理性生活的需要.人类的这种理性生活的需要是什么样的呢? 爱因斯坦在"自述"中继续写道:

> "在我们之外有一个巨大的世界,它离开我们而独立存在,它在我们面前就像一个伟大而永恒的谜,然而至少部分地是我们的观察和思维所能及的.对这个世界的凝视深思,就像得到解放一样吸引着我们,而且我不久就注意到,许多我所尊敬和钦佩的人,在专心从事这项事业中,找到了内心的自由和安宁.在向我们提供的一切可能范围里,从思想上掌握这个在个人以外的世界,总是作为一个最高目标而有意无意地浮现在我的心目中.有类似想法的古今人物,以及他们已经达到的真知灼见,都是我的不可失去的朋友.通向这个天堂的道路,并不像通向宗教天堂的道路那样舒坦和诱人;但是,它已证明是可以信赖的,而且我从来没有为选择了这条路而后悔过."

作为一个划时代的大科学家,他的自述当然会引起我的敬仰和或多或少的共鸣,特别是他提到的"得到解放"是什么意思呢? 应该认真想一想.但是首先必须回答一个问题:这仅仅是少数最杰出的人的精神生活还是整个人类精神生活的一个侧面? 我作中学生的时候,曾看过一部美国电影《居里夫人传》,其中一个镜头令我永远难忘:年青的

---

① 引自"论科学",《爱因斯坦文集》,第一卷,284-286 页.

未来的科学家来到巴黎大学,在大大的阶梯教室里听到教授说:"用你的手指触摸天上的星辰",这时镜头转向她的充满火样激情的眼睛.爱因斯坦所说的,其实也就是"用理性的手指去触摸天上的星辰".正是这种思想、这种感情激励着人们奉献自己于这项事业,而且自己也得到了解放.人类从事于这项事业大约有两千多年了(我是从希腊时代算起的),这种精神已经成了人类最宝贵财富的一部分.这就是我所想讨论的文化.

爱因斯坦为居里夫人写过一篇著名的悼文,他说:

> "在像居里夫人这样一位崇高的人物结束她的一生的时候,我们不要仅仅满足于回忆她的工作成果对人类已经作出的贡献.第一流人物对于时代和历史进程的意义,在其道德品质方面,也许比单纯的才智成就方面还要大.即使是后者,它们取决于品格的程度,也远超过通常所认为的那样①."

诚然,大多数人不可能以科学作为自己的终身事业;大多数在生活中要和科学打交道的人是出于一种实用的目的.但是这种追求真理的精神对于所有的人都是极有价值的.如果人们懂得我们的生活有更崇高的目标,不仅仅是每个人都有一个胃,而追求真理、追求至善以及追求美,又应该是统一的,这样的世界该是多么美好! 科学上的巨人好比太阳,不是每个人都能成为太阳,但是每个人都可以沐浴于阳光之下.人类社会越进步,人就越需要这样的阳光.追求这样一个充满阳光的世界也就是追求人类的进步.

这种理性的探索有一个永恒的主题,这就是:"认识宇宙,也认识人类自己."在这个探索中数学有着特别的作用.数学和任何其他科学不同,它几乎是任何科学所不可缺少的.没有任何一门科学能像它那样泽被天下.它是现代科学技术的语言和工具,这一点大概没有什么人会怀疑了.它的思想是许多物理学说的核心,并为它们的出现开辟了道路,了解这一点的人就比较少了.它曾经是科学革命的旗帜,现代科学之所以成为现代科学,第一个决定性的步骤是使自己数学化.这一点正是本书所要讨论的主题之一.为什么会这样? 因为数学在人类

---

① 引自"悼念玛丽·居里",《爱因斯坦文集》第一卷,339-340 页.

理性思维活动中有一些特点. 这些特点的形成离不开各个时代的总的文化背景, 同时又是数学影响人类文化最突出之点. 我这里并不想概括什么是数学文化, 而只是就它对人类精神生活影响最突出之处提出一些看法. 诚然, 其他的科学也可能有这些特点, 但大抵是与受数学的影响分不开的.

首先, 它追求一种完全确定、完全可靠的知识. 在这本小书里可以看到许多被吸引到数学中来的人正是因为数学有这样的特点. 例如说, 欧几里得平面上的三角形内角和为 $180°$, 这绝不是说"在某种条件下", "绝大部分"三角形的内角和"在某种误差范围内"为 $180°$. 而是在命题的规定范围内, 一切三角形的内角和不多不少为 $180°$. 产生这个特点的原因可以由其对象和方法两个方面来说明. 从希腊的文化背景中形成了数学的对象并不只是具体问题, 数学所探讨的不是转瞬即逝的知识, 不是服务于某种具体物质需要的问题, 而是某种永恒不变的东西. 所以, 数学的对象必须有明确无误的概念, 而且其方法必须由明确无误的命题开始, 并服从明确无误的推理规则, 借以达到正确的结论. 通过纯粹的思维竟能在认识宇宙上达到如此确定无疑的地步, 当然会给一切需要思维的人以极大的启发. 人们自然会要求在一切领域中这样去做. 一切事物的概念都应该明确无误, 绝对不允许偷换概念, 作为推理出发点的一组命题又必须清晰而判然, 推理过程的每一步骤都不允许有丝毫含糊, 整个认识和理论必须前后一贯而不允许自相矛盾. 正是因为这样, 而且也仅仅因为这样, 数学方法既成为人类认识方法的一个典范, 也成为人在认识宇宙和人类自己时必须持有的客观态度的一个标准. 就数学本身而言, 达到数学真理的途径既有逻辑的方面也有直觉的方面, 但就其与其他科学比较而言, 就其影响人类文化的其他部门而言, 它的逻辑方法是最突出的. 这个方法发展成为人们常说的公理方法. 迄今为止, 人类知识还没有哪一个部门应用公理方法得到如数学那样大的成功. 当然, 我们也看不出为什么其他的知识部门需要这样高标准的公理化. 但是, 如果到今天某个知识部门还只是只有论断而没有论据, 只是一堆相互没有逻辑联系的命题, 前后又无一贯性, 恐怕是不会有人接受的. 每个论点都必须有根据, 都必须持之有理. 除了逻辑的要求和实践的检验以外, 无论是几千年的习俗、宗教的权威、皇帝的敕令、流行的风尚统统是没有用的.这样一种求真的态度,倾毕生之力用理性的思维去解开那伟大而永恒的谜——宇宙和人类的真面目是什么? ——是人类文化发展到高度的标志.这个伟大的理性探索是数学发展必不可少的文化背景,反过来也是数学贡献于文化最突出的功绩之一.

其次,数学作为人类文化组成部分的另一个特点是它不断追求最简单的、最深层次的、超出人类感官所及的宇宙的根本.所有这些研究都是在极抽象的形式下进行的.这是一种化繁为简、以求统一的过程.从古希腊起,人们就有一个信念,冥冥之中最深处宇宙有一个伟大的、统一的而且简单的设计图,这是一个数学设计图.在一切比较深入的科学研究后面,必定有一种信念驱使我们.这个信念就是:世界是合理的、简单的,因而是可以理解的.对于数学研究则还要加上一点:这个世界的合理性,首先在于它可以用数学来描述.在古代,这个信念有些神秘色彩.可是一直到现代,科学经过了多次伟大的综合,多少随意地列举一些:欧几里得的综合;牛顿的综合;马克思威尔的综合;爱因斯坦的综合;量子物理的综合;计算机的出现等,哪一次不是或多或少遵循这个信念? 也许有例外:达尔文和孟德尔,但是今天人们已经开始在用数学去讨论物种的进化与竞争,讨论遗传的规律.人们会又一次看见宇宙的根本规律表现为一种抽象的、至少是数学味很重的设计图.这不是幻想而是现实.为什么DNA的双螺旋结构是在卡文迪什实验室完成,受了研究分子结构的 X 射线衍射方法那么多好处? 难道看不出这也是一种把生命归结为最简单成分的不同位置、不同形式、不同数量而成的数学味很重的结构吗? 这种深层次的研究是能破除迷信的,它鼓励人们按照最深刻的内在规律来考虑事物.我们为世界图景的精巧和合理而欣喜而惊异.这种感情正是人类文化精神的结晶.数学正是在这样的文化气氛中成长的,而反过来推动这种文化气氛的发展.现在应该提出的问题是,对这样一种信念应该怎样去估价,是否还应该同时也看到它的不足的一面.从科学史看来,一直存在一种“还原”的倾向:把复杂的现象归结为一些最简单的最原始的因素的作用.物体分成了“质点”“电荷”;分成了分子、原子、亚原子的粒子;生物分成了细胞,然后又是细胞核、细胞质、染色体、基因、核酸……丰富无比、千差万别的世界的多样性似乎越来越被归纳为这些基本的成分或称为宇宙的砖石在数量上、形状上、结构上的差别,这当然是数学发挥作用的大好场所.同时也就产生了一种越来越深刻的疑问:大千世界真是由这些最简单的成分叠加的吗? 难道线性的叠加原理竟是宇宙的最根本法则? 由一堆砖石固然可以建成宏伟的纪念碑,却也可以搭起一座马棚,它们的区别究竟何在? 可是,每一个从事数学研究的人仍然抱有这样的信念:想解决这个更深刻的问题——我把它称为综合,而把那种还原的倾向称为分析——仍然要靠数学,当代数学的发展将越来越证实这一点.

另外,数学的再一个特点是它不仅研究宇宙的规律,而且也研究它自己.在发挥自己力量的同时又研究自己的局限性,从不担心否定自己,而是不断反思、不断批判自己,并且以此开辟自己前进的道路.它不断致力于分析自己的概念,分析自己的逻辑结构(例如希腊人把一切几何图形都分解为点、线、面,把所有几何命题的相互关系分解为公理、公设、定义、定理).它不断地反思:自己的概念、自己的方法能走多远? 从希腊时代起,毕达哥拉斯认为宇宙即数(他是指自然数),可是遇到了无理数,后来的希腊人只好采用不可公度理论,因为弄不清,就干脆不讲无理数,而讨论一般的线段长.希腊人甚至不讲数,使希腊数学与其他民族——例如中国——相比呈现出了缺点.但即令如此,也要保持高度严整,而不允许采取折中主义的态度.历史终于证明,正是希腊人开辟了研究无理数系的道路.他们研究数学,却同时考虑数学研究的对象是否存在.希腊人考虑数学对象的存在问题,把存在归结为可构造,然后就问:"用直尺与圆规经有限步骤去三等分任意角可能吗?"因为弄不清是否可能,即没有构造的方法以证明三等分角的存在,他们的几何学中干脆不讲一个角的三分之一,只讲平分线,从不讲角三分线.越向后面发展,数学就出现了越来越多的"不可能性":$x^2 + 1 = 0$ 不可能在实数域中求解,五次以上的方程不能用根式求解,平行线公理能不能证明? 到 20 世纪初才知道是既不能证明又不能否证.大家都说,数学最需要严格性,数学家就要问什么叫严格性? 大家都说,数学在证明一串串的定理,数学家就要问什么叫证明? 数学越发展,取得的成就越大,数学家就越要问自己的基础是不是巩固.越是在表面上看来没有问题的地方,越要找出问题来.乘法明明是可以交换的,偏偏要研究不可交换的乘法.孟子自嘲地说:"予岂好辩哉,予不得已也!"数学家只需要换一个字:"予岂好'变'哉,予不得已也!"当然,任何科学要发展就要变.但是只是在与实际存在的事物、现象或实验的结果发生矛盾时才变.唯有数学,时常是在理性思维感到有了问题时就要变.而且,其他科学中"变"的倾向时常是由数学中的"变"直接或间接引起的.当然,数学中许多重要的变是由于直觉地感到有变的必要,感到只有变才能直视宇宙的真面目.但无论如何,是先从思维的王国里开始变,即否定自己.这种变的结果时常是"从一无所有之中创造了新的宇宙".

到了最后,数学开始怀疑起自己的整体,考虑自己的力量界限何在.大概是到了19世纪末,数学向自己提出的问题是:"我真是一个没有矛盾的体系吗？ 我真正提供了完全可靠、确定无疑的知识吗？ 我自认为是在追求真理,可是'真'究竟是指什么？ 我证明了某些对象的存在,或者说我无矛盾地创造了自己的研究对象,可是它们确实存在吗？ 如果我不能真正地把这些东西构造出来,又怎么知道它是存在的呢？ 我是不是一张空头支票,一张没有银行的支票呢？"

总之,数学是一株参天大树,它向天空伸出自己的枝叶,吸收阳光.它不断扩展自己的领地,在它的树干上有越来越多的鸟巢,它为越来越多的学科提供支持,也从越来越多的学科中吸取营养.它又把自己的根伸向越来越深的理性思维的土壤中,使它越来越牢固地站立.从这个意义上来讲,数学是人类理性发展的最高成就(或者再加上"之一"二字会更好一些？).

数学深刻地影响着人类的精神生活,可以概括为一句话,就是它大大地促进了人的思想解放,提高与丰富了人类的整个精神水平.从这个意义上讲,数学使人成为更完全、更丰富、更有力量的人.爱因斯坦说的"得到解放",其实正是这个意思.数学的上述这些特点当然都是在历史上逐渐形成的而且不是一成不变的.这些特点到19世纪末以至20世纪表现得越来越突出.那么,我们要问,今后会不会有变化呢？ 这是完全可能的.但是总的看起来,数学文化发展的过去、现在和将来都会不断促进人类的思想解放,使人成为更完全、更丰富、更有力量的人,这是不会变的.从这个意义上讲,人类无论在物质生活上还是在精神生活上得益于数学的地方实在太多.我们也可以十分肯定地强调,不论今后数学怎么发展,它的永恒的主题一定还是"认识宇宙,也认识人类自己."下面我们再概括地谈一下数学怎样促进了人类的思想解放.

从历史上看,数学促进人类思想解放大约有两个阶段.第一个阶段从数学开始成为一门科学直到以牛顿为最高峰的第一次科学技术革命.不妨说,在这个时期中,数学帮助人类从宗教和迷信的束缚下解放出来,从物质上、精神上进入了现代世界.这一阶段开始于人类文化萌芽的时期.在那时,尽管不少民族都有了一定的数学知识的积累,但数学还没有形成一门科学;数学的作用主要是为解决人类的物质生活的具体问题服务的;人类刚从蒙昧中觉醒,迷信、原始宗教还控制着人类的精神世界,三大宗教的出现是比较晚的事.在远古的一些民族中,数学对人类的精神生活的影响还只表现在卜卦、占星上,成为"神"与人之间沟通的工具.一直到了希腊文化的出现,开始有了我们现在所理解的数学科学,其突出的成就就是欧几里得几何学.它的意义是:在当时的哲学理论的影响与推动下,第一次提出了认识宇宙的数学设计图的使命,第一次提出了人的理性思维应该遵循的典范.由于当时世界各部分相对隔绝,这个数学文化影响所及大抵还只是地中海沿岸.希腊衰落、罗马人取而代之,这个文化的影响也逐渐转向东罗马和阿拉伯人的地区.欧洲逐渐进入黑暗的中世纪.到新的生产关系开始出现,人类需要一种新文化与当时占统治地位的天主教相对抗,希腊文化又被复活了起来,形成所谓文艺复兴(这当然不会是原来的希腊文化).数学直接继承了希腊数学成就,终于成了当时科学技术革命的旗帜.它的主题仍然是"认识宇宙,也认识人类自己".它与宗教的矛盾日益深刻,尽管有宗教裁判所和它的酷刑,上帝的地位还是逐渐被贬低了.到了牛顿时代,当时的科学技术革命达到了顶峰,而上帝的地位也下降到了低谷.牛顿的自然神论离彻底的无神论只有一步之遥,人的地位上升了,他凭借着理性旗帜要求成为大自然的统治者.当时的技术革命,其科学基础是牛顿力学,而从文化思想上说,其实是机械师和工匠的革命.人对大自然的"统治",也只是一个工匠认识了一部大机器,开动了这部大机器,并且局部地模仿与复制这部大机器.但是这个工匠仍时而打着上帝的旗号.人尽管要求以自己的理性来重新安排人类自己的生活,但人对自己的看法,以拉美特利(Juliende Lamett-rie,1709—1751,法国机械唯物论哲学家)的口号为标志,也就是"人是机器".机械唯物论的决定论,是当时的科学技术革命的指导思想,而数学是它的最主要的武器.当时数学的发展以微积分的出现为其最高峰,在这个时期确实取得了极其辉煌的胜利.由希腊起源的这个文化,现在从地域上说已成了全世界的文化.这是因为资本主义把我们的地球变成了一个世界,而资本主义的文化也日益成了全世界的文化.作为它的一个重要组成部分的数学也就不再只是希腊的数学,而成为全人类的数学文化.其他民族例如中国,尽管在数学上有过灿烂的成就,现在其影响和作用比这个新的、全人类的数学,也就瞠乎其后,不能相比了.有一些民族的成就被吸收到这个新的全人类的数学中,甚至起了极其重要的作用,特别是印度和阿拉伯的数学更是如此,而有一些就成了历史的陈迹了.对于中国人来说,重要的不是在历史的丰碑面前凭吊怀古,而是奋起直追.明末清初,先进的中国人开始理解这一点.徐光启开始翻译欧几里得的《几何原本》,康熙皇帝亲自主编过堪称中国的《几何原本》的《数理精蕴》,都表明中国人正在开始脚踏实地地学习直接由希腊数学发源的新的全人类的数学.总之,这是一次伟大的思想解放运动.从当时世界范围来看,是人类逐渐从宗教的统治下解放出来.从中国来看,尽管由于历史的、社会的原因,宗教的思想统治不如当时欧洲之烈,但到了17世纪,资本主义萌芽已经在中国出现,中国人也要求一种新的生产关系及其文化.特别是鸦片战争以后,中国人更要求反抗帝国主义的侵略,这样,自然也要求新的文化.17世纪以后,现代的数学传入了中国,开始为中国人所接受,并与中国固有的文化相抗衡,成为中国人求解放求富强的思想武器,正是这个历史潮流的反映.

　　第二阶段由18世纪末算起.那时,数学化的物理学、力学、天文学已经取得了惊人的进展.可是人们越来越要求从完全的决定论下解放出来.这里面有社会、政治的原因,也有文艺、哲学上的反映,我们都不去讨论了.但是有一点很明显,数学的重要性已经不如前一个阶段.当时科学发展的最重大的问题是要求用一个发展的观点,把世界看作一个发展的、进化的、各部分相互联系的整体.黑格尔哲学提出唯心主义的辩证法,以一种扭曲的形式回答了这个问题.他认为"绝对观念"是宇宙的本质,"绝对观念"在发展过程中"外化"为物质,并且按照由低级到高级的方向,由无机物发展到有机体,有了生命,然后从低级生物发展到高级生物,然后成为人.最后,"绝对观念"又在人的意识的发展中复归为自身.黑格尔的自然哲学是他的哲学体系中最薄弱的一环,其原因之一在于当时自然科学的发展提供的基础所限.马克思、恩格斯的功绩就是在唯物主义的基础上改造了辩证法,成了辩证唯物主义.这一个发展除了社会的、历史的背景以外,还有自然科学的基础.能量的守恒与转化(与热机、热力学的发展相关)、细胞的发现、特别是达尔文的进化论,就是最突出的几件大事之一.这样,数学自然从人们的视野中后退.数学家倒没有因此而失望,因为他们仍然继续在为人类作出重大的贡献,而其意义甚至是他们自己也未曾预料到的.数学家这个时期的工作,一方面是继续扩展已有的成就,另一方面是向深处进军.这里最突出的事例一是非欧几何的发现,二是关于无限的研究.前者根本改变了我们对空间的本性的认识.后者是由微积分的基础研究开始的,也说明从希腊时代的芝诺悖论(《庄子·天下篇》中讲的惠施十辩中的"飞鸟之景,未尝动也"和芝诺悖论几乎是完全一样.可惜的是,这些思想一直停留在抽象的思辨上而没有具体展开.这当然与数学没有在中国很好的发展有关)所揭示的有限与无限的矛盾是何等深刻.特别是非欧几何的出现是人类思想一次大革命.它仍然是一种思想解放:这一次是从人自己的定见下解放出来.数学的对象越来越多的是"人类悟性的自由创造物".这件事引起了多少人对数学的误解和指责,实际上是人类的一大进步.人在自己的成长中发现,单纯凭着直接的经验去认识宇宙是多么不够.人既然在物质上创造出了自然界中本来没有的东西———一切工具、仪器等———来认识和改造世界,为什么不能在思维中创造出种种超越直接经验的数学结构来表现自然界的本来面目呢?数学的这一进步在当时并没有超出牛顿力学的决定世界观,但非欧几何的确从根本上动摇了牛顿的时空观,为相对论的出现开辟了道路.对数学本身更有深远意义的是,这两件大事

(非欧几何的出现和关于无限的研究)导致了对数学基础的研究,使人类第一次十分具体而严格地提出了理性思维能力的界限何在的问题.

现在是否又到了一个新的阶段?我们暂时不必去回答.但是十分明显的是,数学的发展确实给人类的生活开辟了新天地.这不但是指文化思想上,而且也是指物质上.相对论的意义大概谁也不能低估了,如果再加上量子物理(同样,没有第二阶段的数学的发展以及伴之而来的种种人类悟性的自由创造物,就不可能有量子物理),则现代的物理科学构成当代各种新技术的科学基础,这是谁也不能否认的事.人们都说 21 世纪将是计算机的世纪,其特征是人能够或多或少地模仿或复制人的思维.可是也只是因为数学发展到今天的高度,计算机才可能成为现实.

至此,我们稍作一些概括.数学作为文化的一部分,其最根本的特征是它表达了一种探索精神.数学的出现,确实是为了满足人类的物质生活需要.可是,离开了这种探索精神,数学是无法满足人的物质需要的."风调雨顺"是人类的物质生活不可缺少的.可是"巫师"的"祈雨"不也是满足需要的"手段"之一吗?人总有一个信念:宇宙是有秩序的,数学家更进一步相信,这个秩序是可以用数学表达的,因此人应该去探索这种深层的内在的秩序,以此来满足人的物质需要.因此,数学作为文化的一部分,其永恒的主题是"认识宇宙,也认识人类自己."在这个探索过程中,数学把理性思维的力量发挥得淋漓尽致.它提供了一种思维的方法与模式,提供了一种最有力的工具,提供了一种思维合理性的标准,给人类的思想解放打开了道路.现在人人都知道实验方法的重要性,但是任何科学实验,离开了一定的逻辑思维,将是没有意义的.在伽利略的时代就是这样,他的许多实验都是所谓理想实验,在近代就更是这样.在不同的时代有不同的文化,不同的民族有不同的文化.但是,数学在文化中的这一地位是不可撼动的,只有日益加强.有人认为数学是现代文化的核心或基石,始终处于中心地位,影响人类知识的一切部门.似乎没有必要去争这个"中心"或"核心"的地位。但是历史已经证明,而且将继续证明,一种没有相当发达的数学的文化是注定要衰落的,一个不掌握数学并将其作为一种文化的民族也是注定要衰落的.

　　有人会说,上面所说的一切其实只是西方文化中所表现的人类精神生活的一个侧面.把认识宇宙也认识人类自己作为永恒的主题这只是西方文化的特征;把进行这种理性的探索看成人类最崇高的感情,也只是对西方人而言的.中国人生活在天人合一的至高无上的和谐中,精神生活早已得到满足,哪说得上要什么思想解放呢?因此,朋友们希望在这本书里写一点东西方文化的比较.这当然是了不起的大问题.而且可以说现代中国人讨论它已有好几十年了.可惜我没有这份本事.这几年它又成了热门话题,或者说是很好的博士论文题目,却令人望而生畏了.我感到庆幸,我终于不必再为写这种文章去"无休止地追逐"了.我只想老实地承认,我在这本小书中写的东西都不是中国固有的,而且我也老实地认为,中国人很需要这种对我们颇为陌生的文化.没有现代的数学就不会有现代的文化.没有现代数学的文化是注定要衰落的.君不见,灿烂的埃及文化、巴比伦文化而今安在哉?印度古代文化今天是什么命运?希腊作为国家今天诚然是衰落了,拜伦为她唱过动人的哀歌:魂兮归来哀希腊.然而她的文化传到了罗马,传到了欧洲,直到今天仍在发扬光大,应该承认在现代人类文化中起的作用比孔夫子影响大得多.其中决定的因素之一是它有一整套数学.有人说"新儒教"造就了亚洲小"龙",可是谁都看见那是当代政治经济条件和科学技术条件造成的,倒不一定归功于孔夫子,否则孔夫子何厚爱于他乡而对自己的故土却不灵验了呢?倒是应该想一下,中国人是怎样接受现代数学①的.现代数学传到中国大约可以从明末算起.但那时以来,先进的中国人救亡图存,首先想到的是学西方的船坚炮利以富国强兵.到今天,大多数中国人寄急切的希望于现代科学技术,原因也还在于希望中国富强,实现现代化.可是就在明末清初,已经有先进的中国人看到了西方传来的数学是一种崭新的文化,是人类如何对待宇宙和自己的一种新的态度,一种新的思维方式.徐光启在翻译《几何原本》时写了一篇《几何原本杂议》,其中有这样一段话:②

　　　　"此书有四不必:不必疑,不必揣,不必试,不必改.有四

---

　　① 这里用了"现代数学"这个词其实是很不恰当的.中国人开始接受的是《几何原本》一类希腊数学,而那又是十分古典的.但是现代数学是以此为起点的,而与中国古代文化中的数学大异其趣.我在这个意义下用了"现代数学"这个词.

　　② 引见《徐光启集(下)》,76-78页,上海古籍出版社,1984.

不可得；欲脱之而不可得，欲驳之而不可得，欲减之而不可得，欲前后更置之而不可得.有三至三能：似至晦，实至明，故能以其明明他物之至晦；似至繁，实至简，故能以其简简他物之至繁；似至难，实至易，故能以其易易他物之至难.易生于简，简生于明，综其妙简明而已."

可见徐光启已充分认识到这种全人类的新的数学的特点在于它追求完全确定的知识，并以此驾驭人类的一切知识.他也充分认识到这种新文化在提高人的认识能力上的作用.他说：

"此书为益，能令学理者祛其浮气，练其精心，学事者资其定法，发其巧思.故举世无一人不当学."

在与当时（17世纪初）中国固有的数学文化比较时，徐光启尖锐地批评了封建末期中国文化中的落后成分，这就是"其一为名理之儒，土苴天下之实事；其一为妖妄之术，谬言数有神理."三百多年前的先进中国人是按这个意义来了解现代数学作为一种新的文化，应该承认，我们今天还缺少这样明确的认识.因此，我们还只是开始接受这种新文化，前程还很艰难，需要几代人不断地努力.有些人很为现代西方文化太过于数学化而担忧，甚至为科学的"过分"发展而担忧，他们问："What for?"（所为何来？）我所担心的却是现代中国人对数学关心太少.据说"东方神秘主义"可以解决理论物理的根本问题，据说外国人看了京戏《封神榜》而大为叹服，因为姜子牙的帅旗上绣的是"无"."无"可以生"有"，然后"一生二，二生三，三生万物.""无"可以战胜"有"，可以制服原子弹，可以……总之，可以刀枪不入，猗欤盛哉①！从孔夫子到孙中山是宝贵的精神财富，我们应该好好地接受这份遗产，但绝不是固步自封：只要是老祖宗的就一切都是好的.当然，事情还有另一面.中国人接受现代数学还是比较顺利的，短短的一二百年中国人中出现了不少优秀的数学家，对于发展中国家，这是仅有的了.这难道与中国人本来就有高度的文化分得开吗？所以，我们固然不应该在历史的纪念碑前做梦，也同样不应该妄自菲薄.应该说我们的祖

---

① 我不想涉及我不懂的现代物理.我不懂它讲的"无"是什么，但是好像并不是姜子牙的"无".姜子牙如果得到诺贝尔物理奖，我自当俯首认错.

宗对得起我们这一代中国人,我们这个民族也绝不是思想完全被禁锢的现代木乃伊.时间还算来得及,尽管所余已经不多.所以,我宁可卑之无甚高论:"学会数理化,走遍天下都不怕."现代中国人想走遍天下,自立于世界民族之林,确实需要"学会数理化",不仅是学会它的技术方面,还要学会它作为文化的一个方面.

最后简单地说一下这本书的写法.它不是一本数学史,也不是一本数学思想史,它仅仅想通过某些事例说明数学作为一种文化所体现出的人类精神生活的理性方面,表达一种探索精神.因此,在选取题材上就不能求全,而主要是以几何学发展作为线索,同时旁及一些有关的问题.这样就不得不舍弃许多同样很有说服力的材料.特别是关于微积分的建立、带来的一系列根本性的变化,关于无限的研究,关于量子物理,关于计算机……我都忍痛割爱了.这样做还有一个原因:我总有一个"顽固的成见":既然书名已含了"数学"二字,多少应该讲讲数学.讲一点微积分并不难,但是如果想要如本书现在这样一直说到相对论,那么对当代数学的几个重要发展也应该多讲一点,这就有些为难了.我总感到应该使读者多少读到一点数学,否则我很担心满纸空话,有些害人.朋友们说这是一种"宏观"的写法.我很担心在这个美妙的名词下掩盖了自己的疏浅.何况,多少知道一点什么是非欧几何,什么是哥德尔定理,对学数学的人,这总不算是过分的要求吧?可惜的是,现在大学数学系的毕业生,绝大部分不知道这些事.对于不以数学为专业的人,知道一点也不难,而且没有坏处.多读一点科学,相信总还会有人同意的吧!也是因为这本书想着重说的是数学思想对人类精神生活的影响,数学对于人类物质生活的影响我也都略去了.我当然很希望有更多的作者来为读者提供更好的读物.至于这本书的看法对不对,内容有无错误,读者当然会作出严格的、有益于我的评判.

一 理性的觉醒

这本书打算以一种非专业的语言向读者介绍数学与人类文化之间的相互影响. 从希腊时代开始到现代大约两千多年, 数学家追求着宇宙的真理, 其成就是令人瞩目的: 数学的概念、结果与方法被广泛地应用到各个学科中去. 社会经济发展的水平, 决定了人类历史上首先发展起来的是天文学, 而天文学离不开数学. 然后依次是力学、光学、机械工程、一般的物理学. 这些现在都被称为精确科学. 之所以这样称呼, 正是因为它们应用了数学的概念、结果与方法. 在人类发展的早期, 人类总试图从整体上把握宇宙. 那时, 已经有了关于宇宙的发展、联系的思想, 而且最早的人类文化——中国、希腊都不例外——都试图这样来从整体上把握宇宙. 只是由于具体科学知识还不够, 古代的中国人、希腊人关于宇宙整体的认识只可能是朴素的, 许多地方是牵强附会的, 还有不少神秘的色彩. 要想前进一步, 急需的是各门科学的发展. 宇宙总的图景的把握反而退到背景之中. 首先就是数学, 而数学成为一门科学则首先是由几何学开始的. 希腊的经典著作《几何原本》据说是除《圣经》以外读者最多的书. 这部著作几乎完全不涉及数学的具体应用, 这是由于当时的希腊处于奴隶制社会中, 奴隶主认为从事物质生产是卑下的, 是奴隶们的事. 高贵的奴隶主应该寻求宇宙永恒的真理. 正是在这种思想引导下, 《几何原本》最重大的贡献是提出了理性思维的模式, 也就是公理方法的雏形.

希腊衰亡以后, 欧洲进入黑暗的中世纪. 一直到资本主义的生产方式走上历史舞台, 人类文化也进入了新的时期. 这是人从宗教统治下求得解放的时期. 科学既是新技术的基础, 呼唤出了前所未有的生产力,同时又是人类思想解放的武器.随后,人类历史上出现了第一次科学技术革命,而数学正是这场革命的旗帜.希腊的几何学方法被应用到天文学、力学中,它的基本信念是:宇宙是按数学设计的.出现了哥白尼的日心说和开普勒的关于天体的学说.这是向宗教的勇敢的宣战.奇怪的是,这场伟大的斗争一开始却是在上帝的名义下进行的.不同的是,上帝成了数学家,而越来越不准许他介入人类的祸福和命运.然后是伽利略,最后是牛顿.

牛顿是第一个提出完整的宇宙图景、实现了伟大的综合的科学家.可是他的基本著作却叫作《自然哲学的数学原理》,完全是按照《几何原本》的模式来建立自己的宇宙体系的.在科学上这是一个伟大的进步,可是从世界观来说,它是完全机械的决定论,比之古希腊的朴素的辩证法应该承认是大大逊色了.牛顿和他的同时代人取得了极其伟大的成就,人类进入了理性时代.现在,人类再不必时时考虑上帝的旨意,而要求按人类的理性——其实是按新生的资产阶级的愿望——裁决一切.

奇怪的是,在理性主义熏陶下出现的微积分本身却缺少逻辑的基础.它之所以能生存全在于它在应用中取得的辉煌成就.18世纪的数学家有一句名言:前进吧,你就会有信心.果然,数学家终于奠定了微积分的严格基础.公理方法也得到发展.19世纪末出版的希尔伯特的名著《几何基础》,是完善化了的《几何原本》,也就说明了到19、20世纪之交,人们明白地接受了的公理方法是怎么一回事.

下面比较详细地介绍这个过程,而且将着重讨论几何学的发展及其影响.

1.1 古希腊的几何学

人类文化的几个发源地都积累了相当丰富的几何知识,而且虽然远隔高山重洋,这几个发源地——例如埃及、巴比伦、印度和中国——的几何学又都有大体相同的特点.由于几何学成就于古希腊,而它又与埃及的几何学关系比较密切,所以人们常说几何起源于埃及.

现存的埃及数学史料是所谓纸草书.即存于英国的莱因德(Rhind)和艾麦斯(Ahnmes,二者均为人名,前者是发现者,后者据说是作者)的纸草书以及存于莫斯科的纸草书,它们都是问题集的形式,和我国的《九章算术》相似.这些问题都是实用性质的,如面积、体积公式,其中有些精确,有些粗略.例如三角形面积为一线段长与另一线段长的积之半;但不能判断其是否正确,因为不知道这些线段是否指三角形的一边与相应的高.圆面积为 $A=(8d/9)^2=256r^2/81$,所以实际上是取 $\pi=256/81=3.1605$.(巴比伦人的公式是 $A=c^2/12,c=2\pi r$,所以是 $\pi=3$,和周髀算经的"径一周三"相同.)

埃及几何学起源于实际需要.据希腊史学家希罗多德(Hirodotus)说,因为尼罗河每年泛滥后要重新划分土地,所以埃及人需要学会计算面积.他们的数学与天文历法有密切关系.埃及人以天狼星和太阳同时出现之日为一年之始,且知一年有 $365\frac{1}{4}$ 个太阳日.但他们不会设置闰年而以 365 日为一年,所以每年有误差,要积 $4\times365=1460$ 年才能使历法与天象重新符合.不论埃及或巴比伦(中国也是一样)都没有系统地使用数学符号,没有任何自觉的抽象思维,没有证明(中国数学也是一样.但对此有不同看法,有人认为中国数学有自己独特的推理体系且优于其他民族).无论如何,这些古代文明都没有创造出甚至没有想到作为理论体系的数学.

希腊文化在世界文化史上有独特的地位.至少在数学上是至高无上的.在一切古代文化中,它是对当代影响最大的.为什么希腊人能创造出这样的文化? 我认为有待讨论.例如有人认为这是由于希腊人爱好思索,和煦的气候和明媚的风光及希腊有很长的海岸线使他们多有舟楫之便与经商贸易的才能,使他们思想活跃,更陶冶了希腊人热爱真、善、美的气质.这些解释都难以服人[①].但事实确实是:以几何学为代表,数学是在希腊才成为一门科学,即有系统的理论体系.希腊数学大体上可分两个时期,即古典时期(约前 600—前 300,相当于中国的周)以及亚历山大里亚时期(前 300—600,相当于中国的战国至隋).古典时期的学术中心几经迁移.最早是在小亚细亚的爱奥尼亚(Ionia)的米利都(Miletus)城,出现了爱奥尼亚学派,其最著名的代表是泰利斯(Thales,约前 610—前 547).相传毕达哥拉斯(Pythagoras,约前

---

① 可以参看:罗素,《西方哲学史》上册,第一章;商务印书馆,1981.

585—前 500)曾受业于他.其后学术中心迁至意大利南部的伊利亚(Elea),故称伊利亚学派,其著称者有芝诺(Zeno,前 5 世纪).以后则移到雅典,其最著名的学派是柏拉图(Plato,前 427—前 347)学派.他在雅典建立了一个学院(Academy),故亦称为学院派.亚里士多德(Aristotle,前 384—前 322)是他的学生.欧几里得(Euclid,公元前3 世纪)也受到这个学派的教育.把几何学系统化为一个演绎科学即一个逻辑推理体系,这个思想即来自此学派而由亚里士多德作了十分清楚的表达.从这个意义上说,柏拉图学派是希腊各学派中对数学影响最大者.下面稍为详细地说一下.

希腊人对宇宙的态度和其他古代文化是不同的.他们敢于直视宇宙并追寻其究竟,不是把宇宙的一切归之于不可知的、可怕的、神秘的力量或神祇,而是用一种理性的态度去对待它.古希腊的数学家时常也是哲学家.爱奥尼亚学派对数学的贡献尚不明显.最早一个有重大影响的是毕达哥拉斯,他的数学和一种神秘主义的哲学是混合在一起的,所以他的神秘主义是一种数学神秘主义.他认为世界的本源是数.他说:"数统治宇宙."他关于宇宙中种种现象的说明有许多是牵强附会的甚至是荒诞的.但他和更早的希腊哲人一样,终究提出了宇宙的本性问题,提出了人可以通过对数的研究达到对宇宙的本质的认识.所以在他看来,数学是人认识宇宙最重要的学问.毕达哥拉斯所理解的数是自然数,而分数则是自然数的比,因而也是可以接受的.这个学派的重大贡献是认识到"证明"在数学中的地位.他们看到直观有时会导致谬误,因而指出,不能用经验的观察作为数学真理性的决定性的论据而必须代之以推理演绎的长链.这个学派大概也是最早给毕达哥拉斯定理(勾股定理)以严格证明的学派.但正是由于这个证明,也就给他们的基本信念——宇宙的本质是自然数——带来了深刻的危机.上面说了,毕达哥拉斯学派理解的数是自然数.分数则是自然数的比(ratio)(因此称为"比数",rational numbers,更合理).事实上,由毕达哥拉斯定理,腰长为 1 的等腰直角三角形之斜边长 c 应适合 $c^2=1^2+1^2=2$,故 $c=\sqrt{2}$.但 $\sqrt{2}$ 不是比数,因为若 $\sqrt{2}=m/n$,并且 m 与 n 已是既约的,则 $m^2=2n^2$ 为偶数,所以 m 不能是奇数而必为偶数:$m=2k$,这时,因 m,n 为既约,所以 n 必为奇数.再因为 $2n^2=m^2=4k^2$,

故 $n^2 = 2k^2$，所以 n 也是偶数. 这就是矛盾. 这里我们既看到了什么是证明，又看到了什么是归谬法. 在这个证明中，这个学派发现了世上确实存在不是数（自然数或比数）的东西. 这种东西可称为 irrational number，现在通译为无理数，其实译为"非比数"更合适.（但是按照这个学派的观点，"非比"就不能是数，所以称为"无理"还是有道理的.）这个深刻的矛盾一直是希腊数学的一个中心问题，而这个问题一直到两千多年以后的 19 世纪中叶，才在现代的实数理论中得到了解决（其实这个说法也不准确，数学基础的直觉主义学派又更深刻地点起了争论的火花）. 这件事确实可以使我们看到希腊数学的特点：希腊人研究无理数问题绝对没有一点实用的目的，而只是为了探究事物的根底，应用理性思维的力量洞烛入微，乃至超越时代达两千多年，至今令我们赞叹不已！

用数学这种理性的思维来捉摸天上的星辰，柏拉图学派更大大地发展了这个事业. 他本人并不是数学家，但他深信数学对认识宇宙的作用. 所以据说他曾在学院门口挂牌宣告："不懂几何学者不得入此门."为什么柏拉图这样看重几何学呢？这就要从他的哲学理论来寻找根源. 柏拉图认为有两个世界，即"理念世界"和"物质世界". 此岸的物质世界即我们的肉体生存于其中的世界是不完全的、易逝的；而彼岸的理念世界即我们的灵魂生存于其中的世界才是完全的、永恒的. 人要认识宇宙就是要认识这个理念的、抽象的世界. 人是可以认识它的，因为人的灵魂本来就生于其中. 只要人的灵魂能追忆（anamnesis）自己的前世，就可以达到理念世界的认识. 举例来说，我们研究圆，就不是研究现实的圆盘圆碗之类，因为它们只是理念的残缺不全的体现. 甚至我们画圆的图形也只是理念的圆的粗糙的表现，而真正研究的对象应该是理念世界的圆，即概念的圆或圆的概念. 正因如此，柏拉图特别强调抽象的研究. 在这个影响下，数学的研究也就必然具有高度的抽象性.

既然如柏拉图所说人的知识（几何学是其一部分）是先天的（apriori），即先于经验的、天赋的，那么人为什么还要花很大的力气才能获得知识呢？这是因为当人降生到物质世界以后，人的灵魂就逐步地忘记理念世界了. 柏拉图说，最高的现实之光来自圣洁的巅峰，我们如同久居黑暗洞穴之中,一旦见到这无比明亮、无比光辉的太阳,就会因目眩而见不到一切.因此,人想要认识宇宙,他的灵魂就必须先受到磨炼和拯救.数学就是理想的手段.特别是几何学,它是由洞穴中的黑暗到达普照的光明之桥梁:一方面,它所讨论的圆、三角形,都还是物质世界中所具有的,可以捉摸的,所以人们可以理解它们;另一方面,虽然现实的圆等只是理念世界不完全的表现,但是几何学讨论的圆是脱离了一切物质属性羁绊的纯粹的概念.因此,人的灵魂受到了数学的陶冶以后,就有可能超凡出俗,回到圣洁的至上的理念世界而得到拯救.柏拉图在《共和国》一书中说:"几何学可以将灵魂引向真理,并且创造出爱智的精神①."至于算术,"也有巨大的提升灵魂之功效,它迫使灵魂对抽象的数作思考而且在论证中摆脱一切可见的、可捉摸的事物."柏拉图其实是把数学分成两部分:一部分是低级的、粗俗的,它们服务于日常的、物质的需要;另一部分是高级的,其目的则是使灵魂升华,超出各种污浊的功利之念,服务于哲学的根本目的,即达于至善.柏拉图的"共和国"的国王是哲学家.柏拉图认为他们从 20 岁到 30 岁应受10 年教育,其科目有算术、几何(平面的和立体的)、天文、音乐(毕达哥拉斯的"四艺".希腊的天文学与数学是很难分离的,音乐由于音阶之频率比是自然数之比,从而毕达哥拉斯认为音乐的和谐正是数统治宇宙的明证.所以前面说毕达哥拉斯认为数学是最重要的学问),其核心是数学.

现在要插一段"闲话".前面用了诸如灵魂、拯救、至善之类的字眼,这与道德、宗教有什么关系吗? 柏拉图认为诸如美、善、真理、公正、智慧都存在于理念世界之中,学习数学就不只是为了求真,也是为了求善、求美."美"是一个很难的问题.希腊文明对美学的贡献也是无与伦比的.这不是作者力所能及的领域,所以只好请读者听一下克莱因的议论②,这样也就会心领神会了:希腊的雕像,如维纳斯像是众所周知的艺术顶峰了,至少在著名的"拉奥孔"(Laocoön)出现以前,这些

---

① 遗憾的是,作者没查到《共和国》的中译本,所以译文是自拟的.例如"爱智的精神"原文作 spirit of philosophy.直译应为"哲学的精神",但 philosophy 一词由 philo-(亲近、爱好)和-sophie(智慧)组成.译为"爱智",自觉勉强,但又似乎比"哲学"更贴切.尚盼方家教正.

② 见 M. Kline, *Mathematics in Western Culture*(西方文化中的数学),Oxford University Press. 1953,33-34 页.

雕塑的表情都是异常的静谧与安宁,没有喜乐也没有哀愁而与后来罗马时代帝王将相的雕像大异其趣.这些人都是抽象的人,人类本性的表现,才是他们的美之所在.而七情六欲、喜怒哀乐则都是易逝的、不定的,所以不是艺术所追求的.希腊的建筑,构形简单、匀称,讲究比例、和谐和协调,如雅典巴台农庙(Parthenon)(祭祀雅典娜的庙)是希腊一切庙宇的典型.顺便说一下,几何学中的黄金分割在希腊人看来,是美的秘密所在,这已是众所周知的了.总结起来,柏拉图说:上帝永远把一切都几何化.柏拉图的上帝是几何学家,他按几何学的原理设计了世界,因此,研究几何就是认识宇宙.同时,人通过研究数学也不断塑造自己,使自己成为更高尚、更丰富也更有力量的人.这是柏拉图的理想.后世哲人们谈论这一点比较少了,但它确实是不可移易的事实.

现在回到数学.它既然是关于完全抽象的概念的学问,理念世界这一极致又要求数学的真理有永恒不变的完全的确实性.这就决定了数学的方法只能是演绎的方法.这里有一条根本的原理:如果前提是真的而推理的步骤又是合于逻辑要求的,则其结论也必是真的.这样,数学的完美的表达形式就只能是一个合乎逻辑的推理的无限的链条.(我们说"数学的表达"而不说"得到数学真理的方法"是因为,大家都知道,在数学家头脑里实际进行的创造过程绝不止于简单的演绎推理,而充满了类比、归纳、尝试、实验、论辩;数学的创造,应该和其他的科学和艺术的创造一样,有失败和胜利,有眼泪和欢笑,这个问题还没有真正展开.但是,数学必须达到以上的逻辑标准才被承认,这是几千年来一直没有改变的.如果说有些变化,也只是这个标准变得更准确、更严格.)这样,希腊人的几何学和埃及人的几何学根本不同了.看来,埃及人是通过实验和归纳得到不少几何知识的.在希腊人看来这个方法是不能接受的.例如:"三角形三内角之和是两直角",如果找来许多具体的三角形,一一实验再作出归纳,充其量也只能得知"大多数三角形的内角和十分接近于两直角".这不是完全确定的结论.希腊人既然认为我们研究的是理念的完全的三角形,上面这样的"结论"是完全不能接受的.唯一能接受的是合乎逻辑的演绎推理.

要把数学搞成演绎推理的体系至少有两个问题.一是这种推理必

须有起点,即使有一组命题或认为其真是不言而喻的,或者是我们假设其为真.这一组命题称为公理或公设.对于柏拉图,这里没有什么困难,因为人的灵魂既然可以追忆理念世界,则以理念世界的某些命题作为公理是无可非议的.其次是要有逻辑学,而这是另一位希腊巨人亚里士多德的功绩,我们下面再说.至此,一个几何命题是否为真就看它是否能被证明,真理性就是可证明性.但在 20 世纪却发现并不是这样,下一章将详细地讨论这件事.证明就是从公理(假设为真)出发,按逻辑的规律推理而循此长链达到该命题.所以,证明与演绎推理并不完全是一回事.黑格尔说过:"证明是数学的灵魂."几千年来都是这样,有谁能够对此提出挑战? 没有.我们能做的只有一件事:把什么是证明搞得更明白;去"找"出一个又一个的数学命题并且一个又一个地加以"证明",谁能证明更重要的命题就是胜利者.

现在要讲亚里士多德.他与柏拉图相处 20 余年,是他的弟子,然后又建立了自己的"学园(Lyceum)".按照罗素的说法[1],他的优点与缺点是同样巨大的,然而对他的缺点,后人要比他负更多的责任.因为在他死后一直过了两千年,世界上才出现了能与他匹敌的哲学家.因此,这两千年中他的权威是不容置疑的.他的学说有时反而成为后人的负担.伽利略是众所周知的例子.又如逻辑学,一直到今天,不少人是以他为盾牌来反抗近代逻辑学的每一个进步的.[2]他的论著是系统的,他的讨论也是分门别类的.现存他的著作约 40 种(而于公元前 220 年亚历山大里亚图书馆中则有 146 种).他的思想与柏拉图不同.所以他曾经说过:"吾爱吾师,吾尤爱真理."他反对将理念世界与物质世界分开,而认为理念不应该离开感觉而独立存在,理念即在事物之中.因此,他不认为公理具有先验的性质,而是由观察事物而得,是人们的一般性认识.他还讨论过定义,并认为定义只不过是定名,定义必须用先存的已被定义的东西来表述.例如"点是没有部分的那种东西","那种东西"就没有说出究竟何所指,也许就是"点"自身,从而是未曾定义的,所以这个定义是不完善的.其次,定义只告诉我们某物是什么,而不证明它一定存在.例如,正十面体是可以定义的,但其实并

---

① 罗素:《西方哲学史》上册,208-209 页.

② 罗素:《西方哲学史》上册,252 页.

不存在.如果使用这样的定义必将造成混乱.这样就在数学中第一次提出了存在问题.除少量最开始的定义外,其余定义必须证明相应事物的存在.在亚里士多德和欧几里得的时代,"存在"就是"可构造".例如角的 1/3 是可以定义的,但是没有实际地作出任意角的 1/3 的方法(只用圆规和直尺将任意角三等分的不可能性直到 19 世纪才得到证明),所以希腊的几何从不讨论任意角的 1/3.

亚里士多德直接论述数学的著作不多.他最大的贡献是建立了逻辑学.亚里士多德的逻辑学是总结了当时数学推理的规律,认为是独立于数学而且先行于一切科学的.他对逻辑的最重要的贡献是三段论法(syllogism),最为人熟知的是称为 Barbara 的一种:

凡人都要死(大前提).

苏格拉底是人(小前提).

所以:苏格拉底必死(结论).

三段均为全称肯定,故为 AAA 形式,而 Barbara 的三个元音恰为 AAA[①].这种推理是演绎的,它的许多全称命题都是一些未经推理而由直觉得到的.这些直觉的起点亚里士多德认为是矛盾律与排中律.[②]它们正是数学证明的归谬法之基础.

在这样的文化背景中出现了欧几里得的《几何原本》.这是西方思想文献中最有影响的经典著作之一,我们将在下一节比较详细地讨论它.现在,我们就进到希腊数学的第二个时期:亚历山大里亚时期.

公元前 352 年,马其顿人之王腓力普二世击败了雅典(但柏拉图的学院直到公元 529 年才由罗马王查斯丁尼以其散布不合基督教义的异端邪说而查封),他的儿子亚历山大大帝(Alexander the Great,前 356—前 323)建立了空前未有的大帝国.他死后帝国分成三个部分,其中埃及部分由托勒密(Soter Ptolemy I,执政于前 323—前 285,这是亚历山大大帝的将军,不是地心说的建立者、埃及天文学家和数学家托勒密 Claudius Ptolemy,约 90—168)统治.亚历山大在地中海岸建立了以他自己名字命名的亚历山大里亚城,是当时最繁华富庶的城市,亚历山大帝国的中心,商贾云集,四通八达,是亚、非、欧三大洲

① 肯定—否定,拉丁文为 affirmo-nego,所以后来用其中四个元音字母 A、I、E、O 分别表示全称、特称、肯定与否定.
② 丘镇英:《西洋哲学史》,北京师范大学出版社,1985,58 页.

的枢纽,也是当时的文化中心.托勒密深深敬仰希腊各学派在文化上的成就,也决心在这个城里建立这样的学派.他建立了一个学术中心,称为"学艺宫"(Museum,这个词是由希腊神话中司文学艺术的诸神缪斯 Muses 一词而来,后来又转义为博物馆),延请各国学者,同时还建立了一个图书馆,据称藏书达 750000 册.这样就形成了希腊文明的另一个光辉灿烂的时期.这个时期的数学家有欧几里得(Euclid,前 330—前 275)、阿波罗尼乌斯(Apollonius,前 262—前 190)、托勒密(Claudius Ptolemy)、丢番都(Diophantus,生卒年不明),特别是阿基米德(Archimedes,前 287—前 212).

亚历山大里亚时期和古典时期的希腊数学是有很大区别的.柏拉图生活在自由城邦时代的希腊,属于统治的奴隶主阶级.由于奴隶们的劳动为他们提供了悠闲而富足的生活,他们重思维而轻实际,把能够从事抽象的逻辑思维作为贵族的标志.柏拉图甚至主张对从事商业的自由民判罪.据说有人问欧几里得学几何学有什么用,欧几里得轻蔑地叫奴隶给那人几个小钱,说他学几何就是为了这种蝇头小利.亚里士多德也认为在理想的国度里,奴隶以外的公民都不应该研究机械.这种情况在很大程度上可以解释古典时期的希腊数学为什么重理论、轻实际,重演绎、轻归纳与观察实验,重几何、轻算术.亚历山大里亚时期则不同,商业航海的发达,各族人民来往之频繁使亚历山大里亚成为一个生气勃勃的大城市.在这种社会经济环境中出现的学者不仅重理论而且重应用.力学——主要是简单机械、流体力学,光学,乃至蒸汽机都很快地发展起来了,更不必说天文学了.这个时期的数学如几何学用更大力量讨论面积、体积等实际问题.古典时期的数学家畏惧无理数如神明,这个时期的数学家则沿袭巴比伦人的做法把各种长度(包括$\sqrt{2}$)、面积和体积都当作数在使用.这样就产生了三角学.阿基米德甚至在求面积时发展了穷竭法,开积分学的先河.阿基米德真是一位传奇式的人物,他用浮力定律判断皇冠是否纯金所制的故事是闻名遐迩的了;传说他曾用反射镜将太阳光聚焦来烧毁敌人的舰队;相传他甚至夸口说:给我一个支点,就可用杠杆把地球举起来.所以从深度和广度来说,这个时期数学的成就都是古典时期不可比拟的.但是这个时期最终没有出现如《几何原本》这样影响深远的里程碑式的巨著.前一个时期的数学家时常又是哲学家,这个时期的数学家通常对哲学兴趣较小,出现了专业的数学家、天文学家、地理学家、医学家.可以说,前一个时期数学和哲学结缡,这一个时期的数学是工程的情侣.

即使是亚历山大里亚时期的数学也是十分尊崇逻辑推理的.这时常给人一个错觉,以为希腊数学只关心形式完美的数学演绎推理而不关心宇宙本身的规律.这是一种以偏概全的看法.希腊人的真正目的是研究宇宙.关于柏拉图,前面已经讲过了.对整个希腊文明,几何学其实是宇宙学的一部分.因为空间及其图形当然是构成宇宙的重要成分.希腊人研究球面就是研究天文.欧几里得的一部失传了的《现象学》(*Phaenomena*)既是天文学教本也是讨论球面的几何学.希腊数学的许多问题实际来自物理科学——当时发展最好的是天文学.柏拉图的学院中一位著名天文数学家欧多克思(Eudoxus,前408—前355)的天体就是几何的球.研究天文就是研究球的几何性质.托勒密(地心说的创立者)在《大汇编》(*Almagest*)中说,天文学应该寻求的正是一个数学模型.这种精神几乎是完全现代化的:它并不追问天体运动的物质原因.直到产生了牛顿的引力理论以后情况有了一些改变,微积分代替了几何学.可是在爱因斯坦那里,引力理论又完全几何化了.总结起来,希腊人认为宇宙是按几何学设计的,研究几何学就是用理性的思维去认识宇宙,用理性的思维去触摸天上的星辰.

1.2　欧几里得的《几何原本》

欧几里得在公元前300年左右生活在亚历山大里亚城.但是他的主要著作《几何原本》(*Elements of Geometry*,以下简称《原本》)却是古典时期的代表作,它完全按照柏拉图学派的主张系统地整理了古典时期的几何知识(其实《原本》中有相当的部分是讨论数论的).欧几里得本人的手稿今已不传,而后来的版本又大都依照其他古希腊学者的手稿.现在比较常用的是英国数学史家希思(T. L. Heath)的版本 *The Thirteen Books of Euclid's Element*.今天看了这本书会令人奇怪:我们现在的中学几何教本是多么类似于《原本》.这部无与伦比的著作最重要的意义是它确定了一种科学思维的典范,确实没有一本著作能在这方面超过它. 在数学领域中, 我们至今还遵循这一范例. 尽管各种数学著作风格各殊, 对这一"典范"的功过是非议论也很多, 但是它所给出的公理、定理、定义、证明……的格式总的看来是没有变化的. 就是说, 它给出一种逻辑的格式.

在介绍这个格式之前, 先略述全书的内容. 全书共十三篇. 第一至四篇是关于直线形与圆的基本性质的; 第五篇比例论是争论最多的, 实际上是用不可公度量的几何方法来避免无理数的困难; 第六篇是相似形; 第七至九篇讲数论; 第十篇是不可公度量的分类, 按英国数学家与逻辑学家德·摩根 (De Morgan) 的话, 欧几里得讨论了形如 $\sqrt{\sqrt{a}+\sqrt{b}}$ 的无理数, 这里 a 和 b 是有理数; 最后三篇讨论几何穷竭法.

第一篇先给出了第一部分所用概念的定义. 下面列出一部分, 其序号是按上述希思的版本.[①]

"1. 点是没有部分的那种东西.

2. 线是没有宽度的长度 (这里线指曲线).

3. 一线的两端是点 (可见线实际上指线段).

4. 直线是同其中各点看齐的东西.

15. 圆是包含在一线里的那种平面图形, 使从其内某一点连到该线的所有直线都相等.

16. 于是那个点便叫圆的中心 (简称圆心).

23. 平行直线是这样的直线, 它们在同一平面内, 而且往两个方向无限延长后, 在两个方向上都不会相交."

我们前面已经对第一个定义作过一些评论. 实际上, 前几个定义都一样, 是一种物理上的描述. 例如定义 4 很可能是受到匠人用水准器瞄着一条直线的启发而来. 由此可见, 欧几里得几何仍然不能完全摆脱物质世界影响的痕迹. 现在, 我们都很明白, 要想完全摆脱人的经验或直观以达到理念世界是不可能的. 那么欧几里得力图摆脱直观有什么意义呢? 以后我们还要经常回到这个问题上来. 现在可以明白的

---

① 译文借用张里京, 张锦炎译, M. Kline《古今数学思想》, 上海科学技术出版社, 1979. 此书译文四册, 第二、三、四册由北京大学数学系数学史翻译组译.

是,欧几里得的《原本》中讲到的一些图形,如直线、三角形……都是指的一般的直线,一般的三角形……在这条摆脱直观经验的道路上他还走得不够远.到亚里士多德才明确地提出,几何学必须从无定义的元素开始.但直到 19 世纪末,数学家才普遍认识到这无定义的元素理论上应该是没有经验的内容的.

接着,欧几里得给出了五个公设与五个公理.这五个公设是:

1. 从任一点到任一点作直线是可能的.

2. 把有限直线不断循直线延长是可能的.

3. 以任一点为中心和任一距离为半径作圆是可能的.

4. 所有直角彼此相等.

5. 若一直线与两直线相交,且若同侧所交两内角之和小于两直角,则两直线延长后必相交于该侧的一点.

公设 4 可能给人以同义语重复的印象.似乎它之所以为真仅仅是由于它的逻辑形式,即它只是逻辑真理而不是几何学真理.但事实不是如此.因为欧几里得的直角是指与其补角相等的角.因此公设 4 说的是:如图 1 所示,若 $\angle ABC = \angle ABD$,$\angle A_1 B_1 C_1 = \angle A_1 B_1 D_1$,则 $\angle ABC = \angle A_1 B_1 C_1$.这个结论不可能仅仅依据逻辑得出.但欧几里得在证明中需要用到它,因此就把它作为一条公设.

第 5 公设通常错误地被称为"平行线公设".其实后者应该是:
"5′.设有一直线及直线外一点,则过该点可以作唯一的一条直线与该直线平行."

这两条公设之等价是有待证明的.第 5 公设的意义从图 2 可以看出.很清楚,它不如其他四个公设那样自明,因此从希腊时代起就有不少人希望从其他公设来证明它.它是否"独立"于其他公设,即有无可能用其他公设来证明它,一直到 19 世纪才解决.这就是非欧几何的主题.欧几里得"看"出了它的"独立性"(那时还没有"独立性"的概念),因而将它列为一条公设,自然是他的天才过人之处.尤其值得注意的是,欧几里得为什么用这样拖沓的语言来表述它.问题在于他想避免无限这一概念."无限"对于希腊数学家是一个可怕的、很难理解的东西.因此,欧几里得不用公设 5′,即作出两个直线在无限延长后也不相交,而用一个反命题的形式说两直线会在有限远处(虽然不知道它究竟在哪里）相交.真的,空间在无限深远处究竟是什么样呢？宇宙的深处我们不能了解,几何空间的无限远处难道又是容易理解的吗？不知道当时的希腊几何学家是否这样想过.但是,19世纪的伟大数学家高斯和黎曼确实是想到了这一切.这里看到了非欧几何与相对论物理的萌芽.

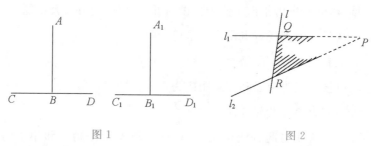

图 1   图 2

关于公设 1 到 3 也要讲几句.上一节说过,亚里士多德认为定义只说明被定义事物的性质而不涉及其存在性.为了说明这一事物的存在,就需要给出构造它的方法（所谓“可构造性”）.公设 1~3 就说明了线段、直线、圆都是可以构造的,因而是存在的.后世的几何作图规定只准使用圆规和无标度的直尺,就是公设 1~3 的表现.

除五个公设外,《原本》中还规定了五个公理：

1.跟同一件东西相等的东西,它们彼此也相等.

2.等量加等量,它们的总量仍相等.

3.等量减等量,余量仍相等.

4.彼此重合的东西是相等的.

5.整体大于部分.

现代数学并不区分公理与公设.但在希腊人那里则有些区别.公理,欧几里得也称为“常识的概念”（common notion）,按照亚里士多德的说法,并不属于几何学.如果不相信它们,就不适于思考那些涉及量的科学.公设则相反,是专属于几何学的.但亚里士多德认为,公设无须是不言自明的,其是否为真要由它所推演的结论来检验.普洛克拉斯（Proclus,410—485,是《原本》一书重要的希腊评述者）甚至认为,整个数学都只是假设性的,它所关心的只是由某些假设推演出必然的结论,而不问这些假设是否为真.这种观点与当代的观点之相近也令人吃惊.

有了公理、公设与定义作为出发点后,《原本》中给出了一连串按逻辑顺序排列的定理.下面以第一篇第一个定理(或称命题)的证明为例.

命题　在一给定的有限长线段上作一等边三角形(图3).

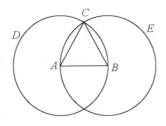

图3

设此线段称为 AB,以 A 为圆心,AB 为半径作圆 BCD(公设3);再以 B 为圆心,AB 为半径作圆 ACE(公设3).再由二圆的交点 C 到 A、B 作直线段 AC、BC(公设1).由于 A 是圆 BCD 的圆心,所以 $AB=AC$(定义15).同理 $AB=BC$.所以 $BC=AC$(公理1).这样,$\triangle ABC$ 的三边相等,因而是等边三角形.

《原本》全书数百条定理都被这样安排了次序! 欧几里得的惊人的天才首先在于他恰好选择了他所必需的公理、公设与定义,既不太多,又足够证明全书所含的一切定理.其次在于,到那时为止所知道的几何定理几乎全部被合乎逻辑地编排起来,成了体系(《原本》中有 467 个定理).暂时撇开许多深刻的思想不论,这已经是十分伟大的业绩了.试想,既然在几何学中人类理性思维已达到这样的高度,在其他学科中又当如何?《原本》既是人类理性思维的一个高峰,又必然是一大挑战.所以我们可以毫不夸大地说,《原本》的出现是人类文化史的革命性事件.其后两千多年的历史将证实这个论断.

但是,《原本》在公理化方面来说仍有许多缺点.首先,它包含了太多的未加定义的概念.例如公理 4 中的重合的概念.对于几何图形而言即经过"运动"能重合的图形.但是,"运动"还是一个未经定义的概念.而且,如果两个图形在运动后能重合因而具有相同的性质,则在运动前性质也相同吗? 几何图形的性质在运动中是保持不变的吗? 看来,欧几里得本人也意识到了这一点.无怪他要把用重合法证明的定理,例如关于三角形全等的 S.A.S. 定理都尽可能地推迟.《原本》里实际上用了一些未明确提出的公理.例如上述作等边三角形的命题中就用到了圆 ACE 既经过圆 BCD 的 A 点,又经过该圆外的 E 点,则一定要与圆 BCD 相遇.从直观上来看,这是很明显的事,这就是圆的"连续性".但什么是连续性呢?是否应该作为一个公理来加以规定呢?这些都是有待解决的事.

总的看来,欧几里得的《原本》过多地依赖了直观,这时常导致一些错误.下面是一个著名的"例子",即我们可以证明任意三角形都是等腰的.

"证明"如下:如图 4 所示,作 $\angle A$ 的平分线 AD,可能它与底边垂直,这时 $\triangle ABC$ 显然是等腰的,或者它与 BC 不垂直,这时它应与 BC 的垂直平分线 MD 相交,设 D 是交点.

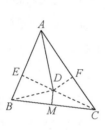 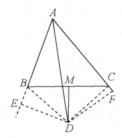

图 4

现在有可能 D 在 $\triangle ABC$ 内.于是过 D 作 AB 与 AC 的垂线,设垂足是 E 和 F,于是 $\triangle BMD \equiv \triangle CMD$,故 $BD=CD$.又易证 $\triangle ADE \equiv \triangle ADF$,所以 $AE=AF$,最后看直角三角形 BDE 与 CDF,因为它们有两对相等的对应边,所以也全等,这样 $BE=CF$,因此 $AB=AE+BE=AF+CF=AC$.

如果 D 在 $\triangle ABC$ 之外或在 BC 边上,证明也是容易的.

几乎每个中学老师都会告诉学生,错误出在作图不准确.实际上,两个垂足 E 和 F 如有 E 在 AB 内,必有 F 在 AC 外.因此,以后作图一定要"小心".但是怎样证明 E 在 AB 内时 F 一定在 AC 外呢?什么叫"小心",又怎样才算"够小心"或者"不够小心"呢?欧几里得是没有办法回答这些问题的.

作为人的认识的客观规律,直观的经验是不可少的.你把它从大门赶出去,再锁上门,它又会从窗子里偷偷地进来.你在几何学里处处会找到直观经验的痕迹.任何人在研究几何学时也都实际上依靠直观.但是我们仍然努力"取消"直观的影响.其目的是把概念真正弄清楚,不掺入一点模糊不清的东西是为了使推理的步骤完全清晰.这样看一下理性的思维能把我们带到怎样的远处,借以理解事物真正的本质,理解我们的认识能力真正的限度.这不是仅凭人的主观愿望和哲学家的理论主张就能做到的,需要的是在整个人类文化发展的背景下几代数学家艰苦努力的积累.欧几里得的真正功绩正在于他走出了决定性的正确的一步,而且走得如此好,如此远,以至于后代人不能不遵循他所打开的航道.真正地把《原本》的这些缺点改正过来,要等待两千年后的希尔伯特.而且在这个过程中还发生了另一次革命性的变化——非欧几何的诞生.

1.3 数学与第一次科学革命

想在短短几页篇幅中跨过两千多年来直接讨论希尔伯特是太困难了.现在需要做的事是先看一看这段时间里科学史乃至一般的思想史上发生了什么大事.

罗马人占领了亚历山大里亚,宣告了希腊的衰亡.罗马人是务实的,他们夸耀自己完成了大量的实际工程.罗马人十分重视自己的文治武功.我们谈到罗马,就会想到凯撒大帝(Julius Caesar,前 100—前 44),想到他和埃及女皇克里阿佩特拉(Cleopatra,前 69—前 30)动人的恋爱故事和他掩盖的种种政治阴谋.可是罗马人完全不重视作为一门理论科学的数学.一群罗马士兵冲进了阿基米德的房子,他正专心地在地上画着自己的几何图形,斥责罗马士兵干扰了他的工作.暴怒的士兵一刀杀了阿基米德这个科学的巨人,这宣布了一个时代的结束.英国哲学家和数学家(A. N. Whitehead,1861—1947)对此发表了以下的评论:"阿基米德死于罗马士兵之手是世界剧变的象征;务实的罗马人取代了爱好理论的希腊人,领导了欧洲.比肯斯菲尔德勋爵在他的一本小说里说务实的人就是重犯他们的祖宗的错误的人.罗马人是一个伟大的种族,但是受到了这样的批评:讲求实效而无建树.他们没有改进祖先的知识,他们的进步只限于工程上的技术细节.他们没有梦想,得不出新的观点,因而不能对自然的力量得到新的控制.没有一个罗马人会因为专心地沉思一个几何图形而丧生."但著名的罗马政治家和作家西塞罗(Marcus Tullus Cicero,前106—前43)反而为此称赞他的同胞们不是梦想家,而致力于数学之应用.

基督教文明统治了欧洲.尽管《新约圣经》中吸收了不少希腊思想,希腊人却被当作异教徒遭到迫害.其后,阿拉伯人最后摧毁了亚历山大里亚.他们有一种思想垄断的"妙论":一切正确的、好的思想都已包含在《古兰经》中,所以不再需要其他的著作;一切不符合《古兰经》的都是错误的邪说,因而不能容许这种著作保存.

于是我们看到世界史上一场又一场壮观的悲剧与喜剧:西罗马、东罗马都灭亡了,阿拉伯人登上了历史舞台.十字军东征,欧洲的黑暗时代.可是,科学(包括数学)还在进步,人类也在进步.于是我们迎来了新的时代.资本主义要诞生了,文艺复兴是它的号角.文艺复兴,也就是希腊文化的复兴.然后带来了人类历史上第一次科学革命[①].

那一时期文化思想上对立的两个方面是基督教与科学.文艺复兴时代我们看到了宗教势力的逐渐衰落,而到16、17世纪,现代的科学逐渐发达起来.开始还很难摆脱宗教的影响.但是,宗教的权威,那是一种独断的,乃至黑暗的权威,逐步被科学的权威所取代.这是一种理性的权威,尊重实践的权威,并且在实践中不断完善自己因而没有任何独断性的权威.许多人都说,现代科学反对一切权威.不,它尊重实际、符合理性的要求,因而自己就是一种权威.人掌握了科学,也就进一步认识了宇宙,也使自己成为更完全、更丰富、更有力量的人.人有了更大的权威,其武器是科学.科学本身是一种革命的力量.而在那时,这个革命是举着数学的旗帜的.

这次科学革命有四位巨人.他们是:哥白尼(Nicolaus Copernicus,1473—1543),开普勒(Johannes Kepler,1571—1630),伽利略(Galileo Galilei,1564—1642)以及牛顿(Issac Newton,1642—1727).

迄至16世纪,占统治地位的天文学说还是托勒密的地心说,哥白尼经过多年观测和思考,终于提出一种新学说:日心说.1507年,他写了《论天体的旋转》一书,不过因为惧怕遭到教会的迫害,只能在他死

---

① 这里我们引用了周光召的看法.他在1989年3月全国基础科学研究会上的讲演中指出世界史上有三次科学革命.16—17世纪出现了第一次革命,带来了现代意义下的科学.

后的 1543 年才出版. 哥白尼对宗教是很虔诚的. 他从不认为自己的学说有违教义. 但是他相信希腊人的思想, 即宇宙是和谐的, 是按数学理论设计的. 上帝创造了世界, 但是是按数学原理设计的. 这时, 托勒密的学说已经很复杂了. 为了用旋轮(deferent)、本轮(epicycle)理论来解释日、月及五大行星的运行, 共需 77 个圆. 哥白尼认为这太复杂了: 上帝既然按数学设计创造了世界, 全能的上帝的作品必然是和谐而简洁的. 77 个圆, 这实在是太复杂了. 他还研究过公元前 3 世纪的希腊天文学家亚里斯塔克斯(Aristarchus)关于日心说——注意, 哥白尼并不是日心说第一个倡导者——的著作, 就决心试一试把本轮、旋轮和日心说结合起来: 地球沿一个圆(本轮)绕日而行, 中心是太阳, 而不是地球. 其后他发现这种说法与观测结果并不符合, 而修改成太阳在中心"附近". 要注意一件事, 在异常纷繁的天文观测数据中怎样才能设想到日心说, 而不是更接近我们直接经验的地心说呢? 这里需要的是一种理论. 哥白尼的理论完全是来自希腊的数学理论. 无怪他的理论(开普勒的也一样)开始时只是得到数学家的支持. 哥白尼以为自己找到了上帝设计宇宙的更和谐更简洁的数学方案, 殊不知, 他却彻底否定了上帝的宠儿——人——在宇宙中的中心地位. "人"现在只好在一个冷漠孤寂的小球——地球——上绕着上帝创造的另一个天体——太阳——孑孑漫步于太空之中而失去了圣灵钟爱的光辉! 但是, "人"难道变得如此无足轻重了吗? 不, 失去了权威的是上帝以及他在尘世的代表——教会, 真正得到了力量的是"人", 其实是正在兴起的资产阶级.

开普勒是一个很矛盾的人. 由于政治和宗教的原因而一生坎坷. 他的幸运是从 1600 年起成了当时著名天文学家布喇(Tycho Brahe, 1546—1601, 丹麦人)的助手. 布喇本人作了多年的天文观测, 留下了极为宝贵的资料, 但是由于哥白尼的理论仍与实际的观测不符合而一直不接受日心说. 人们常说, 开普勒由于积累了大量观测资料而发现了三大定律. 这是正确的然而过分简单化的说法. 图 5 是 1982 年全年土星的运行轨迹[①], 谁能想象可以从这里找到三大定律? 事实是, 开

---

① 此图引自 I. Ekeland, Le Calcul, *l' Imprévu*, Editions du Seuil(1984), Paris, 17 页.

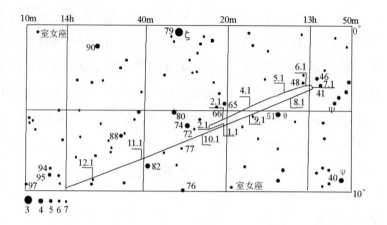

图 5 1982 年全年土星的运行轨道,注意其轨道的折回

普勒完全相信柏拉图的理论.哥白尼已经把托勒密的 77 个圆减少到 34 个,开普勒则着手用柏拉图的五个正多面体(那时就已经知道只存在正四面体、正六面体、正八面体、正十二面体和正二十面体)来修正哥白尼的理论.他认为有一个最外层的球,其半径是土星轨道的半径.作其正内接六面体及其内切球,其半径就是木星轨道半径;再作其内接正四面体,其内切球半径相应于火星轨道半径.这样通过五个正多面体共作出 6 个球面(包括最外面的球面),而当时已知行星(包括月亮)恰好是 6 个(图 6).这个理论当然是不正确的.但有一个理论和在数据的茫茫夜雾中摸索是完全不一样的[1].开普勒另一个特点是十分尊重观测数据.这样经过艰苦地修正自己的理论,终于得出了著名的三大定律:

1.行星的轨道是椭圆,太阳位于其焦点上.

2.各行星的动径在相同时间扫过相同的面积(图 7).

3.行星的周期平方与其轨道椭圆长半轴长(开普勒当时的说法是平均距离)之立方成正比.

当然,如果假设轨道都是正圆,理论更加"优美、简洁",但却与观测不符.所以哥白尼认为地球轨道椭圆长短轴只差 0.5%,而火星实际位置的误差积累到一定时期达 15°之多.开普勒从这里认真地修正

---

① 请参看爱因斯坦"开普勒"一文,见《爱因斯坦文集》第一卷,商务印书馆,1976,274-278 页.爱因斯坦详述了开普勒怎样发现了三大定律,而教训是:"知识不能单从经验中得出,而只能从理智的发明同观察到的事实作两者的比较才能得出."

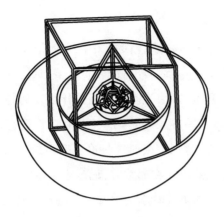

图 6　开普勒按柏拉图的五个正多面体设想的太阳系构造图

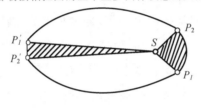

图 7

了自己的理论.

　　日心说才出现时所遭到的反对,是现在的人们难以想象的.且不说宗教方面的制裁,单是观测的结果与来自物理学的诘难都是不利于日心说的.如果不是对宇宙的设计遵循数学有着深刻的信念——这种信念的顽强性有时简直到了偏执的地步——怎么能顶住这些反对意见呢?至于宗教,哥白尼和开普勒两人从不怀疑他们的发现是对全能至上的上帝的颂歌,但是他们的上帝是数学家,是毕达哥拉斯和柏拉图式的数学家.上帝不必去特别照顾自己最心爱的创造物:“人”,人反而可以推算出上帝的设计图.所以开普勒和哥白尼是基督教义的真正的叛逆.上帝的至高无上都可以怀疑,还有什么不能怀疑呢?理性的科学自然可以反对非理性的宗教,它呼唤着思想解放.无怪天主教把一切关于日心说的著作都列为禁书.日心说的热烈拥护者布鲁诺(Giordano Bruno,1548—1600)被宗教裁判所烧死.宗教改革的领袖路德(Martin Luther,1483—1546)和伽尔文(Jean Calvin,1509—1564)这些新教徒反对日心说的顽固劲头绝不亚于他们的宗教对手天主教徒.可是由于日心说的出现,自然科学终于从神学的枷锁下解放出来了,而解放的旗帜是数学.烧死布鲁诺的火光终于照亮了黑暗的欧洲.

附带讲一个小故事.伽利略的《关于托勒密和哥白尼两大世界体系的对话》(以下简称《对话》)出版于 1630 年,原是得到教皇乌尔班八世(Urban Ⅷ)的恩准的,因为教皇不相信什么人真能把日心说讲得令人信服.但是这本书写得太好了,教皇不由得感到害怕.1633 年伽利略被再次召到宗教裁判所,在刑具胁迫下宣布放弃日心说.据说年迈的伽利略在步出法庭时还在嘟哝着:地球还是在转.

伽利略被公认为近代科学的奠基人.他诞生于文艺复兴三杰之一的大画家、雕塑家米开朗琪罗(Michelangelo,1475—1564)去世的同一天,又逝世于牛顿诞生的那一年,这对相信灵魂转世托生的人们未必不是小小的安慰.众所周知,他是著名的实验者.比萨斜塔宁可说是因他的实验而得名.在距斜塔不到 200 米处的一个大教堂里悬挂着一个灯,据说伽利略观察这个灯而得出了摆的定理.他听说荷兰人发明了望远镜,就自己做了一个并用以发现了木星的四个卫星.这件事使教徒们大惊失色,他们甚至不肯向望远镜里看一看.然而对于现代的实验科学,伽利略还只是一个过渡性的人物.他和牛顿一样,深信宇宙是按数学设计的.他在 1610 年《尝试者》(*Assayer*)一书中说过一段著名的话:①

> "宇宙是永远放在我们面前的一本大书,哲学就写在这本书上.但是,如果不首先掌握它的语言和符号,就不能理解它.这本书是用数学写的,它的符号是三角形、圆和其他图形,不借助于它们就一个字也看不懂,没有它们就只会在黑暗的迷宫中踯躅."

上帝的神性体现在自然界所遵从的永远不变的数学规律中;因此,诵读圣经和研究数学有同样的重要性.上帝比之我们凡人懂得的数学当然多得无比.但是人就其所已掌握的数学知识而言,可以理解

---

① 转引自 M. Kline,*Mathematics:the Loss of Certainty*(数学,确定性的丧失),Oxford University Press,New York,1980,46 页.

得和上帝一样彻底①. 在科学研究的方法论上,伽利略第一个提出了,应该追求的是数量的规律. 因此,他放弃了亚里士多德关于"质"的讨论而重视"量". 也就是说,伽利略的科学是一种数学化了的科学. 对自然现象追求其物理解释,这不是科学的任务吗? 把科学数学化为什么是一种进步呢? 实际上,这不只是一般的进步,而且是一种革命性的进步. 为什么呢? 不妨看一下亚里士多德的物理解释究竟是什么. 例如,关于落体运动,按亚里士多德学派的解释,物体之下落是因为它有重量,它之所以落向地球是因为物体总寻找其"自然"的位置,而地球的中心是最"自然"的位置(地心说!)(请注意,亚里士多德认为追究物体下落的"原因"是不必要的),运动着的物体在不受力的情况下会保持静止是因为静止是物体最"自然"的状态. 其实,亚里士多德所理解的"物理学""自然"都与我们今天的理解不一致,"自然"一词对于亚里士多德简直就意味着目的. 中世纪的学者们在解释亚里士多德时,又把这种目的论的因素大大发展了. 例如他们认为同情心与排斥心也是物质的本性. 磁石吸引铁是因为它们彼此"同情",二物相互排斥则是出于彼此"厌恶". 这当然与当时整个文化背景有密切的关系. 伽利略用数量的规律代替物理的解释,因为是针对亚里士多德的"物理"的,也就摒弃了一切目的论、物活论的色彩②. 因为伽利略重视数量关系,所以,他的力学的出发点是速度、加速度这些可以直接观测的运动学的量. 他在实际观察中发现,不同重量的物体下降速度的差异,在空气中远小于在水中,这样就得出了介质越稀薄,差异越小的结论. 由此推理可知,在真空中一切重物将以同样速度下降. 从伽利略的这个推理过程可以明显看到数学方法的影响:丢掉一切次要、偶然的因素去寻求一般的抽象.

　　说伽利略在实验科学上只是一个过渡性的人物,还因为他实际上认为数学推理比之实验更重要. 因为宇宙是按数学设计的,所以只要做几个实验借以发现最基本的规律就够了. 其实他的许多实验都是我

---

① 《对话》一书有中文译本,上海人民出版社,1974 年. 其中的 134 页上说:"神的理智,由于它理解一切,懂得的定理的确比人多出无限倍. 但是就人的理智所确实把握的那些少数定理而言,我相信人在这上面的知识,其客观确定性是不下于神的理智的. 因为在数学上面,达到理解必然性的程度,而确定性更没有超出必然性的了."

② 见罗素《西方哲学史》,上册,261—266 页. 有人说柏拉图的出发点是几何学,而亚里士多德的出发点是生物学,从罗素的书里也可以一睹究竟.

们今天所说的"理想实验".他在《对话》中描写了一个球如何从航行中的船的桅杆顶上下落.当书中人问他是否做过实验,伽利略回答道:"不靠实验,我也敢保证结果将和我告诉你的一样.因为它一定会是这样……我抓思想的本领很巧妙,所以不管你愿意与否,我将使你不得不承认这点."所以,伽利略的科学研究方法的程序是:从几个实验开始得到最基本的简单明了的原理,即得出数学模型,再往下就是数学的推导、演绎,得出尽可能多的结果.这不就是欧几里得《几何原本》的方法吗?

可是伽利略终究与希腊人、中世纪学者乃至笛卡儿都不同.这些原理来自何处?柏拉图认为来自理念;中世纪经院哲学家和天主教认为来自上帝的启示;笛卡儿认为来自良知(关于笛卡儿下一节我们还要细说).伽利略却认为,这些原理必须来自经验与实验.不是先有人的思维,然后再把世界安排得能为人的思维所接受.对于中世纪的经院哲学家无休止地争论亚里士多德的著作应如何诠释,伽利略认为这些争论都是全然无益的,在自然界的真理面前,教廷的权威,亚里士多德的权威都是没有意义的.我们在前面引述过罗素对亚里士多德的评论,认为他的优点与缺点同样巨大,而对他的缺点,他的后人应负更大的责任.事实上,在黑暗的中世纪的一千年中,科学成了神学的婢女,亚里士多德的学说变成了为宗教辩护的工具.所以罗素说:

"(亚里士多德)的权威性差不多是和基督教会的权威性一样地不容置疑,而且它在科学方面也正如在哲学方面一样,始终是对于进步的一个严重障碍.自从 17 世纪的初叶以来,几乎每种认真的知识进步都是从攻击亚里士多德的学说开始的;在逻辑方面,则今天的情形仍然是这样."[1]

这样我们就可以明白,伽利略的数学化的科学研究方法论,何以具有革命性的意义:它从科学身上剥去了神秘的外衣,使科学从神学中解放出来.

牛顿(Issac Newton,1642—1727)沿着哥白尼、开普勒和伽利略的道路走向极大的成功.牛顿是伟大的数学家,他"发明"了微积分(关

[1] 引自罗素《西方哲学史》,上册,209 页.

于微积分的建立及其对人类文化的影响,又是可以写出一本专著的重大事件,所以我们在此不得不放弃);但是他是更伟大的物理学家.他第一个给出了物理世界的统一图景.英国诗人波普(Alexander Pope)在牛顿死后的 1735 年模仿圣经旧约《创世纪》为牛顿写了两行墓志铭式的诗:

自然律隐没在黑暗中.

神说"要有牛顿",万物俱成光明.①

前面我们引述了伽利略关于自然是一部哲学书的著名的话,而爱因斯坦则说:

"对于他(指牛顿),自然界是一本打开的书,一本他读起来毫不费力的书."②

严格地说,牛顿是一位数学物理学家.他和伽利略一样,都认为只要有几个关键性的实验就够了,然后往下就是要做演绎式的数学推导.这一点和欧几里得是一样的.大家都知道牛顿的三大定律(其实第一、第二定律伽利略和笛卡儿就已经知道了,牛顿则把它系统化).对于牛顿,这就是他的体系的公理.第二定律被表述为一个公式:

$$F = ma$$

原来,力被模糊地解释为一种与推和拉相联系的肌肉的感觉,现在则不再问"力是什么"这样的问题,而就"解释"为按以上公式与加速度 a 相联系.牛顿"发明"了微积分,第二定律就成了一个微分方程

$$m \frac{\mathrm{d}^2 x}{\mathrm{d}t^2} = F$$

于是,只要知道了力 F,知道了初始条件,则万事万物的运动莫不可以由这个微分方程解出来.这里的 F 怎样决定呢? 在牛顿的研究工作中,最重要的是引力.关于"万有引力"的发现,有苹果的故事,据高斯说,这是牛顿为打发那些不懂数学而又要追问牛顿如何发现万有

---

① 译文引自罗素《西方哲学史》,下册,58 页.《创世纪》第一章第三段的原文是"神说要有光,就有了光."
② "牛顿的《光学》序",见《爱因斯坦文集》第一卷,商书印书馆,1976,287 页.

引力的蠢人所编造的故事.①要不然,在和煦的阳光下在草地上懒洋洋地睡上一觉,啃着甜甜的苹果还可以异想天开地发现大自然的奥秘,这该多有诗意! 实际情况要深刻得多.17 世纪的科学家面临着解释地球运动的问题.是什么力使地球保持运行在绕太阳的椭圆轨道上呢? 为什么抛射体会落到地上呢? 既然宇宙是按照数学设计的,则不论天上的或地上的物体应该服从一组同一的规律乃是一个合理的想法.所以早在牛顿以前,哥白尼、伽利略、罗伯特·胡克(Robert Hooke,1605—1703,物理学家,即弹性力学中胡克定律的发现者),哈雷彗星的发现者、天文学家哈雷(Edward Halley,1656—1742)都考虑过这个问题.当时甚至已经知道把星体拉在椭圆轨道上的力随天体之间距离的加大而减小.但是,只是到了牛顿才有了万有引力的概念以及 $F = k\mu m/r^2$ 这样的公式.

对于牛顿的伟大成就,法国著名启蒙哲学家狄德罗(Denis Diderot,1713—1784)认为牛顿是幸运的,因为大自然向他展示了自身的秘密;拉普拉斯则自叹"予生也晚":可惜宇宙只有一个而牛顿已经发现了它,大有"既生瑜,何生亮"之慨! 倒是牛顿说自己之所以能看得比别人远是因为他"站在巨人的肩上",牛顿这句话原意如何,目前有不少讨论,我们不必去过问.但是,它确实符合历史的发展.

牛顿把他的成就(包括微积分学)写在他的名著《自然哲学的数学原理》(*Philosophiae Naturalis Principia Mathematica*,这本书1729 年被译成英文)中,这书是 1687 年由哈雷资助(既出资又帮助编辑,和我们今天的"资助"是两回事了!)牛顿出版的,以下简称《原理》(*Principia*).我们先介绍一下它的结构.《原理》分三卷,在引言中牛顿定义了最基本的概念如惯量、动量和力等,然后就像欧几里得《几何原本》中给出五条公理、五条公设一样,给出了著名的三大定律——三大公理.然后在第一卷中给出了一些微积分的定理以后,开始证明一系列的命题.首先是关于有心力作用下的运动,并证明了动径在相等时间扫过相同的面积,这就是开普勒的第二定律.然后牛顿证明了,如

---

① 见 M. Kline,*Mathematics in Western Culture*(西方文化中的数学),Oxford University Press,1953,199 页.另说是伏尔泰从故事中编造出来的,是牛顿的外甥女 1726 年前后告诉伏尔泰的.见 В. И. Арнольд."数学科学与天体力学三百年",数学译林,1988 第 4 期,281 页.

果运动的轨道是圆锥曲线,则作用力与距离平方成反比.逆定理也成立.所以由万有引力公式 $F=k\mu m/r^2$ 就可以得出行星轨道为椭圆的结论(开普勒第一定律).然后又得出了开普勒第三定律.我们暂时不讨论这些成果,快一点把《原理》介绍完.第一卷还讨论了三体问题,这是牛顿以来天体力学的主要问题,至今尚未得到彻底解决.

第二卷是讨论流体力学.第三卷标题为《论世界体系》,即将第一卷的普遍原理应用于太阳系.这里包括了如何计算行星的质量,地球的形状,行星轨道的岁差理论,最后还有潮汐理论.只这样罗列一些项目就可以知道,为什么说牛顿第一次给出世界的统一图景了.

请看,《原理》的结构与《几何原本》何其相似乃尔?

牛顿的全部工作都是遵循伽利略的科学研究方法的.他不仅概括了伽利略、惠更斯(Christian Huygens,1629—1695,荷兰物理学家,光的波动说的倡导者)的成果,而且把它们放在一个完整的逻辑体系之中,特别令人震惊的是:开普勒的三定律也只不过是万有引力定律 $F=kMm/r^2$ 的推论.它不再只是哲学家的思辨加上多年观测记录的概括.现在,整个物理学(请注意,在牛顿的时代,物理学主要就是力学)都像几何学一样被放进了逻辑演绎体系的框子里了.从我们今天的观点看来,当然会问:其他科学又怎样呢? 其实从今天的逻辑演绎的标准(我们将在下一章讲到这个问题)看来,任何一门科学(包括物理学、计算机科学)在这方面与数学相比都瞠乎其后,而且我们也看不出有什么理由一定要把其他科学变成数学的婢女,既看不出其根据,也看不出其好处.但是,从牛顿以后,数学确实以更快的步伐进入一个又一个新领域.科学的数学化并不只是数量化,而首先是找到一些隐含其中的数学概念,或者是用数学解释其中的概念,然后再用数学的方法由此推演出新结果,并且把这些结果组成逻辑体系.

《原理》另一个重要的意义是,它进一步用数学模型、数量关系代替了"物理解释".什么是力? 什么是引力? 不必去提出这样的问题,重要的是有一些数学公式 $F=kMm/r^2$ 以及 $F=ma$ 之类,而不必去问什么是它的"本质".比之亚里士多德的目的论的因果关系,大家也许愿意承认这是一个进步.但是在当时,这确实是很难接受的.笛卡儿就反对伽利略放弃"物理解释"而寻求数学的描述,他不赞成伽利略关于落体的理论,而认为应该去寻求所谓"最后的理由".牛顿对引力不加任何物理解释而只给出明确的数学公式(牛顿自己在《原理》中也说:"因此,我计划在这里只给出这些力的数学概念,不考虑它们的物理原因和根底"①)引起了包括惠更斯和莱布尼茨这样的杰出科学家的激烈反对,特别是它的超距作用.我们还是看一看牛顿自己是怎样说的吧.在《原理》的序言中他说:

> "由于古代人(如帕普斯告诉我们的那样)在研究自然事物方面,把力学看得最为重要,而现代人则抛弃实体形式②与隐秘的质,力图将自然现象诉诸数学定律,所以我将在本书中致力于发展与哲学相关的数学.……我的这部著作论述哲学的数学原理,因为哲学的全部困难在于:由运动现象去研究自然力,再由这些现象去推演其他现象."

下面牛顿还继续说:

> "第一、二卷的一般命题的目的就在此.……然后,从这些力,以及其他一些命题,它们也都是数学的,我导出了行星、彗星、月球和海洋的运动."

他在书末又说:

> "我们的目的,是要从现象中寻出这个力(按,指引力)的数量和性质,并且把我们在简单情形下发现的东西作为原理.通过数学方法,我们可以估计这些原理在较为复杂情形下的效果.……我们说通过数学方法(着重号是牛顿加的),是为了避免关于这个力的本性或质的一切问题,这个质是我们用任何假设都不会确定出来的."

牛顿并不是没有感到引力的本质和超距作用的神秘,他甚至在一封信里提到应该有一个至高无上的存在,永恒地按某些规律行事,它就是引力的创造者,至于这个存在是物质的还是非物质的,"只能请读

---

① 这里和下面关于《原理》的引文均转引自 M.Kline《古今数学思想》一书.

② 数学不是关于"形式"的科学吗?为什么说科学的数学化又排除了"形式"呢?牛顿说的近代人是 17 世纪的人.那时,他们确实排除了亚里士多德.亚里士多德关于"形式"和"质"的理论和近代人的理解是不一样的.读者可以参看罗素《西方哲学史》上册关于亚里士多德的论述.这也许可以使读者在理解牛顿的真意上得到启发.

者思考".牛顿本人有浓厚的宗教倾向,他在晚年完全皈依于神学的研究,但不管他愿意不愿意,他放弃了对"物理解释"的追求,而给人类提供了一个新的宇宙秩序的图景.这个宇宙服从一组定律;这组定律只能用数学表示;万事万物大而至于天体的庄严的运行,令人惊恐的彗星,涛声震耳的潮起潮落,小而至于微风吹拂,落英缤纷,莫不是这些数学定律的表现."一饮一啄,莫非前生注定",那冥冥安排一切的是谁? 暂时放下这个问题,牛顿给我们描述的宇宙的最好的模型是一个时钟①,万万千千大小齿轮的转动决定了宇宙和人世的一切.这就是机械论的宇宙观.哥白尼感到托勒密的 77 个圆太多,不足以表明上帝的完美无缺,而用 34 个圆的日心说去取代,他哪里想到,宇宙竟然成为无限多个互相啮合起来的齿轮!"始作俑者,其无后乎!"

和科学的数学化同时,也看到数学的"科学化".在古希腊,数学和科学是被区别开来的.对于柏拉图,数学甚至是一门净化人的灵魂的学问.现在,科学越来越多地依赖数学,同样,数学也越来越多地依赖于科学.从牛顿以来的三百年中,数学中许多最重要的问题时常是由科学提出来的,对数学的发展作出最重要贡献的人时常是科学家.广义的数学与广义的物理学和技术科学的紧密联系是牛顿以来数学发展的主流.它的主题仍然是"认识宇宙,也认识人类自己".这里当然包含了人控制自然和社会的问题.

那么,在牛顿那里,人的地位是什么呢? 牛顿是很虔诚的教徒,他信仰上帝,同时也相信上帝是按照数学原理来设计世界的.他在《光学》(*Optik*,1704)一书中说过:

> "自然哲学的主要任务就是从现象开始论证而不用虚构的假设,并从效果推出原因,直到最初始的原因,后者显然不是力学的.……在几乎虚空无物之处有些什么,太阳和行星何以互相吸引而不需要其间有稠密的物质存在? 自然界何以从不做茫无目标的事? 世界的秩序与美来自何处? 彗星的目的地在哪里,行星何以在同心的轨道上按相同方式运

---

① 维纳的《控制论》指出,钟是反映那个时代的文化和科学的最好象征.见郝季仁译,N.维纳,《控制论》,科学出版社,1962,38-39.

动,是什么使恒星彼此不会被吸到一起? 动物的躯体设计何
其精巧,其各个部分目的何在? 眼的设计难道无须光学的技
巧,耳的设计难道无须关于声的知识? 身体何以会按意志的
指挥而动作,动物的本能何从而来?……一切事物安排有
序,难道从现象看不出有一无形的、有生命的、智慧的、无所
不能的存在,他似乎用自己的感官清楚地看见一切,彻底地
洞察一切;只要事物呈现在他面前,他就能完全理解这些
事物."

这听起来有些像屈原的《天问》,而牛顿在《原理》中做了回答:

"这个太阳、行星和彗星的最美丽的系统只能来自一个
全知全能的存在的意旨与统治.……这个存在管理万事万
物,它不是世界的灵魂,而是君临一切的主."

这就是上帝.这个上帝有什么性质呢? 他是一位数学家和物理学
家.牛顿在给本特利牧师(Richard Reverend Bentley)的一封信
(1692 年12 月10 日)中写道:

"所以,要造出这样一个(太阳)系和它的一切运动就需
要一个原因,它能理解和比较太阳和行星这些物体的质量,
它们之间的吸力,第一级行星到太阳的距离,第二级行星(例
如月亮)到土星、木星和地球的距离;这些行星绕具有这些质
量的中央的物体旋转的速度;并需要把这么多物体的这些量
加以比较和调整.这就可以证明这个原因不是盲目的或偶然
的,而是精于力学和几何学."

也可以说,上帝是一个钟表匠,他造好了宇宙这个无比复杂的钟,
然后上足发条让钟走起来(所谓第一次推动——the first blow).然
而,开普勒定律只讲了两个物体如地球和太阳在万有引力作用下的运
动轨道是椭圆,而其他星体如月亮、火星……的引力会使这个轨道产
生"摄动"而偏离理想的轨道,就好像这个钟走得不太准一样.所以牛
顿又给上帝——钟表匠找了一个差使:过一段时间要对一对表,把轨

道校正一下①.恩格斯说:

> "上帝在信仰他的自然科学家那里所得到的待遇,比在
> 任何地方所得到的都坏."②

牛顿的神学是"自然神论",它离无神论只一步之遥.难怪,当拉普拉斯(Pierre Simon Laplace,1749—1827)写出了《天体力学》一书,指出,只要知道过去某一瞬间宇宙的状况就可以按牛顿力学的方程推算出未来的一切,并且把此书呈献给拿破仑时,拿破仑不以为然地问起为什么在书里不讲上帝,拉普拉斯骄傲地回答说:"陛下,我不需要这个假设"(Sire,je n'avais pas besoin de cette Hyputhèse).科学革命引导到无神论."人"变得更有力量也更完全了.

但是,也有另一方面的问题.牛顿、拉普拉斯的机械论的宇宙观是完全决定论的.用数学语言来说,既然运动定律是一个微分方程:

$$m\frac{\mathrm{d}^2 x}{\mathrm{d}t^2} = F$$

则只要给出某一瞬间($t=t_0$)运动的状况,其以后任何时刻的状况都可以唯一地决定了.这叫作微分方程的存在与唯一性定理.决定论就是这个定理的哲学表述.既然世间一切,无分巨细,都是冥冥之中安排妥当的,人不是处于完全被动的地位了吗? 这样的人生又有什么意义呢? 所以,完全的机械论——决定论是一个大大伤"人"感情的理论.请参看前页注①引的《从混沌到有序》一书.

上面的叙述验证了兰德尔(J. H. Randall)在《近代思想的形成》(*Making of the Modern Mind*)一书中所说的:"科学产生于用数学解释自然这一信念③."

1.4 欧几里得与理性时代

16、17 世纪是人类历史上非常重要的时代.这是资本主义逐步取代封建主义的时代."资产阶级在历史上曾经起过非常革命的作用"

---

① 近代的研究提出一个深刻的问题:长期的摄动会不会使轨道紊乱不堪而归于混沌? 有序与无序、决定性与随机性的关系如何? 有兴趣的读者可以看普里高金、斯唐热著《从混沌到有序》,上海译文出版社,1987.
② 见"自然辩证法"《马克思恩格斯选集》第三卷,人民出版社,1972,529 页.
③ 引自 M. Kline,《古今数学思想》,第二册,37 页.

《共产党宣言》).新的时代带来了生产力的巨大发展,也必然唤起人类的新觉醒.文艺复兴是资本主义诞生的号角,从那时起出现了一大批伟大的思想家和哲学家,他们的任务是为资本主义催生.恩格斯在《反杜林论》概论一章中说过:

　　"在法国为行将到来的革命启发过人们头脑的那些伟大人物,本身都是非常革命的.他们不承认任何外界的权威,不管这种权威是什么样的.宗教、自然观、社会、国家制度,一切都受到了最无情的批判;一切都必须在理性的法庭面前为自己的存在作辩护或者放弃存在的权利.思维的悟性成了衡量一切的唯一尺度.那时,如黑格尔所说的,是世界用头立地的时代.最初,这句话的意思是:人的头脑以及通过它的思维发现的原理要求成为一切人类活动和社会结合的基础;后来这句话又有了更广泛的含义:和这些原理矛盾的现实,实际上被上下颠倒了.以往的一切社会形式和国家形式、一切传统的观念,都被当作不合理的东西扔到垃圾堆里去了;到现在为止,世界所遵循的只是一些成见;过去的一切只值得怜悯和鄙视.只是现在阳光才照射出来.从今以后,迷信、偏私、特权和压迫,必将为永恒的真理,为永恒的正义,为基于自然的平等和不可剥夺的人权所排挤."[①]

　　一种思想的出现,尽管它的最深刻的根源是在经济基础上,也必须以当时现存的思想资料为出发点.资本主义社会的发展需要科学.此前,科学一直是教会的婢女,现在科学反叛了.资产阶级在反对教会的斗争中必然要以科学为武器,所以,它的思想家的学说必然深受当时自然科学的影响,特别要受到数学的影响.毕竟,欧几里得的《几何原本》是当时理性思维最系统的表现,而它在解释宇宙上又取得了如此辉煌的成就.

　　笛卡儿(René Descartes,1596—1650,拉丁文作 Renatus des Cartes,所以转为形容词"笛卡儿的""笛卡儿派"后,英文作 Cartesian,

---

　　[①] 见《马克思恩格斯选集》第三卷,人民出版社,1972,56-57 页;又见《社会主义从空想到科学的发展》,同上,404-405页.

法文作 Cartesien)是近代哲学的始祖之一. 他固然接受了经院哲学的许多影响,但是却另起炉灶,努力建立一个新的哲学体系. 这个体系的建立深受当时自然科学的进展的影响. 他本人仍是虔诚的天主教徒,他惧怕教会对他的迫害,因为哥白尼和伽利略的遭遇殷鉴未远,但是他的哲学著作却终于被新教伽尔文派列为禁书. 笛卡儿首先是哲学家,其次是宇宙学家,第三是物理学家,第四是生物学家,然后才是数学家. 然而,绝大多数人知道他却是因为他建立了解析几何. 其实,他关于太阳系的形成有一个很相近于康德、拉普拉斯星云说的漩涡说,按牛顿《原理》一书英文版编订者科茨(Cotes)的说法,这是开启了无神论的大门,因为它不需要上帝的"第一次推动". 他已经知道了力学的第一定律以及动量守恒——"宇宙中运动的总量有一定". 他是一个机械论者,认为人和动物都是机器,除了灵魂之外,完全受物理规律的支配. 人有灵魂,它躲在松果腺里. 这里表现出笛卡儿的二元论. 笛卡儿对人类文化最大的影响是他的哲学. 下面我们介绍一下他的名著《方法论》(*Discourse de la Mé thode*,1637)[1],这本书文笔优美流畅,据说其选段至今还是法国青年人的教材,就好像中国青年人不久以前还都要学一些《论语》《孟子》一样.

笛卡儿在这本书里讲到他在中学——拉弗莱什(La Fleche,这是当时欧洲著名的学校)就学时,学过当时许多学问而终感不能满足(实际上是指对经院哲学的不满). 例如哲学:

> "教导我们以一种似乎在一切事物上都占有真理的面貌来讲话,使我们为学识较浅的人所尊重","哲学为几百年来最优秀的心智所培育,然而无一事不在争论中,所以无一事不可疑.……考虑到任一件事均有种种歧见,各有饱学者的支持,但歧见之中只可能有一为真,且我尚以为凡为或然者也都近乎为伪."

关于神学:

---

[1] 此书有彭基相中译本:《方法论》,收入商务印书馆"万有文库"中(1933). 将近 60 年前的译文对今天的读者可能不太习惯了. 下面译文是作者据 E. S. Haldane,G. R. T. Ross 英译本:*The Philosophical Works of Descartes*,Cambridge University Press,(1911)试拟,有不当之处尚希教正.

"我极为尊崇神学,且与任何人相同,热望得入天国,但我确知,天国之路即使对于最无知者也如对于最硕学者同样无阻,天国启示的真理为吾人的智慧所难以企及,故以我的理性之无能,岂敢妄图临于其上;我又念及,如欲验证它们且有所成,必须有来自上苍的非常的助力而非凡人之所能."

关于逻辑:

"三段论法和其他学说的大部分更适于向他人说明本人所已知的事物,而不适于学习新事物.逻辑虽然含有许多极真极好之概念,也混杂了许多有害浮浅之成分,欲将二者分离,其难不亚于自石中取出狄安娜(Diana,罗马神话中的月亮女神)与米涅娃(Minerva,罗马神话中的学问女神)."

但是对数学则不一样:

"我最爱好数学,以其证明之确定无疑及其推理之明显."

因此,笛卡儿认为数学(其实是指欧几里得的几何),乃是追求真理的最好方法.他认为应该从一些基本原则开始,然后,循着"推理的长链,尽管简单而且容易,几何学家却由此完成最困难的证明.这使我念及,人所认知的一切事物其相互关系亦复如此;故若能戒绝以伪为真,且能遵循由一事演绎至它事所必需的次序,则能无远弗届而无隐不发矣."这种方法论又是《几何原本》的翻版.

那么,思想的出发点应为"清晰而判然"(clear and distinct)即最确实无疑的事实.怎样得到这种最无疑的事实呢?这就用得上著名的"笛卡儿式怀疑".例如,感觉是可疑的,有错觉,有梦境,是庄周梦为蝴蝶抑或是蝴蝶梦为庄周? 即使做算术或几何,简单至于数一正方形之边数,焉知上帝不会使我出错? 或许我不应怀疑公正的上帝会故意与我为难,又安知没有小鬼恶作剧,即所谓"鬼使神差"? 故这一切均为可疑的,而唯一不可疑的事实是,怀疑的主体,即思维着的我,其存在是不可疑的."怀疑"本身不可疑,故"怀疑"的主体必存在也不可疑(其实,思维何必有主体? 这是罗

素在《西方哲学史》中提出的问题,见该书下册 91 页). 因此,笛卡儿说:

> "当我愿以一切均为伪时,则正在思维的'我'是绝不可少的;我由此得我思故我在(拉丁文:cogito ergo sum;英文:I think therefore I am 法文:Je pease,donc Je suis. 这个论点通称笛卡儿的 cogito——我思)这一真理十分牢靠确实,即最狂妄的怀疑论者也不能撼,故我断定可以毫不犹豫以此作为我所探求的最初的原理."

这当然就是"公理".类似于此的原理,笛卡儿还举出:

(1)现象必有因;

(2)果不能大于因;

(3)完美、空间、时间、运动等概念都是先天的,与生俱来的.

确实,笛卡儿认为数学公理的来源是人的"良知"(英文:good sense,法文:le bon sense)而不是经验,而良知是上帝赋予我们的.

笛卡儿打算用这个"方法"研究各种具体的科学,从物理学直到解剖学,当然没有什么成功. 但是,他把自己的"方法"用到数学上时却得到极大的成功,建立了解析几何.确实,笛卡儿的哲学已逐渐成为一个思想史上的遗迹,而他的解析几何却在将来的年月中仍将是中学生必须学习的东西.所以下面我们稍花一些时间谈一下他的"方法"和解析几何的关系——附带说一句,解析几何原来就发表在《方法论》一书的一个附录中.

古希腊人基本上只讨论圆和直线. 阿波罗尼乌斯(Apollonius,约前 262—前 190)虽然写过《圆锥曲线》一书,可是用综合几何的方法来证明关于圆锥曲线的定理,每一个定理均需相当的技巧,所以一直没有系统的理论.[①]到了 17 世纪,特别是因为开普勒发现行星轨道是椭圆,圆锥曲线乃至一般的曲线(当时主要还是代数曲线)的研究就是迫切的问题而吸引了那时许多大数学家.[其实讲到解析几何的发明者,当然还当该提到费马(Pierre de Fer-

---

① 可惜的是,现在学数学的年轻人都几乎完全不知道圆锥曲线许多美丽的性质可以用综合几何处理,竟然连中学教师也不知道.请参看王联芳译的一本名著:希尔伯特、康福森著《直观几何》,人民教育出版社,1959.

mat,1601—1665).大家当然都知道费马大定理,但他在微积分学的建立、光学的研究、数论的建立上均有殊勋,也应该列为那时的科学巨人之列.似乎关于他的故事完全可以写一本传奇,但其实他的一生很平淡.]可是欧几里得《几何原本》每个定理都有特殊的证明技巧,没有一般的方法,以致现在的中学生仍有"几何,几何,挤破了脑壳"之叹.这是笛卡儿不满意的,因为他希望有一种普遍的方法.再看代数,他认为其中"含有某些规则与公式,但结果只构成一混乱难明之艺术,使人为之困窘而不能启发心智."换言之,几何是一种艺术,但无一定成规,代数则有成规而无艺术.所以笛卡儿决定"必须发现某一方法能尽含三者之长而无其短".三者是什么?即逻辑、几何和解析——笛卡儿还明说是"古人之解析"与"今人之代数".所以笛卡儿的解析几何中"解析"二字并非我们今天所理解的解析或分析,如微积分,而是"古人的解析",即由一个命题反推到更原始的更简单的命题,直到最简单可证明的命题为止,然后再返回到原来求证的命题.正如解代数方程总是把原方程化为更简单的同解方程,一直到能解为止.这样,笛卡儿的解析几何确实是他为自己的"方法"所提出的四条规则之产物.这四条规则用我们的语言简述即:

1.仅承认清晰判然而毫无疑问者为真.

2.将困难化为许多小步以便逐步解决.

3.由最简单最易懂者开始循一定次序前进.

4.列举一切可能情况时应力求完备,作一切考查时应力求一般而不至于有遗漏(《方法论》第二章).

那么最简单的是什么?是直线.怎样把曲线化解为直线并且一步步进行呢?从图8可以看到,只需研究沿曲线运动时,P点在平行于Y轴的直线上的位置即PQ之长即可.但是PQ的大小y与OQ之长短x是有关的,这样就可以得到x与y之间的一个关系式$F(x,y)=0$.例如相应于直线有$y=kx+b$,相应于圆有$x^2+y^2=a^2$,等等.解析几何就这样诞生了.

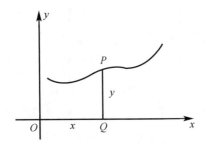

图 8

笛卡儿的这一创造意义极为巨大.有平面解析几何,有立体解析几何,当然还可以考虑更多的变量,这样,人就突破了直接感性经验的束缚,可以达到高维空间.没有四维空间会有相对论吗?会有今天的物理学吗?极而言人,会有今天的人类社会吗?我们将在下一章详细讨论这个问题.

我们可以很肯定地说,笛卡儿的哲学是几何学的哲学.

17、18世纪的哲学家有许多都深受数学的影响.我们仅限于比较详细地讨论笛卡儿,对其他哲学家就只能提一下了.

在欧洲大陆,所谓唯理派,继笛卡儿后有伟大的荷兰哲学家斯宾诺莎(Baruch de Spinosa,1632—1677),也是深受数学影响的.他的主要著作之一《伦理学》,全名应为《按几何次序证明的伦理学》(*Ethics*, *Demonstrated in Geometrical Order*,出版于斯宾诺莎死后),由此即可看到几何学的影响.这本书全都是模仿欧几里得的体例,有定义,有公理和定理.当然很难设想伦理学的"定理"是可以"证明"的,但主张一切事物均可证明确是他的理论的精髓.然后应该讲到莱布尼茨(Gottfried Wilhelm von Leibnitz,1646—1716),这是一位少见的博学的大学问家,可惜在为人品德方面不免令人略有微词.他和牛顿彼此独立地"发明"了微积分,而且为著作的优先权问题和牛顿发生了争吵,而且把英国和欧洲大陆的许多数学家都牵涉进去了.我们不来讨论莱布尼茨的哲学,只看一下他的一个宏大的计划.既然数学方法已经取得如此令人瞩目的成就,为什么不仿照数学的先例创造一种普遍的符号和语言,以及一种普遍的计算方法以解决人间的一切问题呢?莱布尼茨认为,人世间种种纷扰,其实来源于对于所争论的问题没有共同的清楚概念.如果把人的思想分成一个个单独的成分,并且各自给以一个符号,则通过对这些符号按一定规则——万能字样(characteristica universalis)——进行运算,则自然会得出一致的结论,而一切争论即可完全解决.他说:"有了这种东西,我们对形而上学和道德问题就能够几乎像在几何学和数学分析中一样进行推论."万一发生争执,"正好像两个会计员之间无须乎有辩论,两个哲学家也不需要辩论.因为他们只要拿起石笔,在石板前坐下来,彼此说一声(假如愿意,有朋友作证):我们来算算,也就行了."当然这个计划在当时是流产了,然而在 19 世纪终于又得到复活,可惜那时人们并不知道莱布尼茨早就有了这种思想,这就是后来的数理逻辑.下一章里我们还会讲到它.

我们现在再转到英国.恩格斯在《社会主义从空想到科学的发展》英文版导言①说:"从 17 世纪以来,全部现代唯物主义的发祥地正是英国."(382 页)英国唯物主义的真正始祖是培根(Francis Bacon,1561—1626),他是近代归纳法的创始人.据说"知识就是力量"(Sciernia est potelltia)是他的名言,尽管以前也可能有人说过这样的话.他的主张的重点在于借助科学的发现与发明可以制驭自然界.他在《新工具》(*Novum Organon*,1620,指理性的新工具)一书中说"科学的真正的合理的目标是给人的生活以新的发明和财富".他重归纳,认为知识的来源是从收集事实和实验开始,将所得的材料分析排比以得出一般结论.因此他不赞成纯粹数学而只看重应用数学,认为"不可能由论证所建立的公理就可发现新的工作,因为自然界比之人的论证不知微妙多少倍."总之,培根不太看重数学.然而接下来的重要的唯物主义哲学家霍布斯(Thomas Hobbes,1588—1679)却是非常数学化的.他在巴黎学过《几何原本》,深受启发,从而有意由此构想自己的哲学体系.相传他先读到毕达哥拉斯定理,而且惊呼:"上帝,这是不可能的!"然后他再细读其证明并追溯到定义和公理,这样完全说服了自己.②他认为几何学是迄今唯一的科学,应该从定义出发,而且

---

① 《马克思恩格斯文集》第三卷,人民出版社,1972,379-403 页.下面要引用几段文字和该书的注释也都见于此.
② 见罗素:"'无用的'知识",载于《真与爱——罗素散文集》,上海三联书店,1988,173 页.

定义中应该避免自相矛盾的概念.霍布斯在他的名著《利维坦》（*Leviathan*,1651.利维坦是《圣经》中的巨兽,霍布斯用它来形容国家,认为国家是按社会契约所成的威力巨大的巨兽,霍布斯的国家学说有明显的反民主倾向）中指出,在我们以外唯有运动着的物质,它以机械运动的形式压迫我们的感官,由此产生了感觉,这是一切知识的根源.感觉和物质一样有惯性,它的残存物就是印象.思想就是一串印象组成的.物体及其性质在人脑中的印象赋之以名,思想就是把这些名连成论断,并寻求其间的关系.在这个过程中人脑发现的有规则的东西就是知识.人脑的数学活动就是分离出、抽象出那些一下子看不出的关系.所以人脑的数学活动产生关于物理世界的真正的知识.现实只有以数学的形式才能被认知.霍布斯的这些主张甚至吓退了不少数学家,更不必说那些认为人脑不止是一团机械作用的物质的哲学家了.所以恩格斯在上述导言中说:

　　"唯物主义在以后的发展中变得片面了.霍布斯把培根的唯物主义系统化了.以感觉为基础的知识,失去了它的诗的绚丽色彩,它变成了数学家的抽象的经验（德译本作:'它变成了几何学家的抽象的经验',又加上了一句:'物理运动成为机械运动或数学运动的牺牲品.'）;几何学被宣布为科学的女王.唯物主义开始憎恨起人类来了.①

　　"霍布斯把培根的学术系统化了,但是他没有论证培根关于人类的全部知识起源于感性世界的基本原则.洛克（John Locke,1632—1704）在他的《人类悟性论》（*An Essay Concerning Human Understanding*,1690）中提供了这种论证."②

　　洛克和霍布斯相同之处在于承认观念是外界的物作用于人脑而生成的,人脑是一个"白板"（tabula rasa）,没有天赋观念.一定要

---

① 《导言》383 页.
② 《导言》384 页.

与外界接触才有观念,正如白板上要写了字才有痕迹.虽然人脑不能创造出简单的观念,却可以把它们组成复杂的观念.此外,人的心智所认识的并非现实本身而只是有关现实的观念.知识就是这些观念的联结.与现实相符的知识就是真理.证明就可以把观念联结起来从而给出真理.就所得结果的确定性而言,数学证明最为完全,因此洛克最看重数学知识,认为它最清楚可靠.洛克偏爱数学甚至走到拒绝直接的物理知识的程度.例如,洛克认为许多物理知识(例如吸引力和排斥力)实际上并不清楚.洛克的哲学其实是那时牛顿的科学的反映.

现在我们离开对哲学家的介绍而来看一下他们对当时社会生活的影响.恩格斯在上面引用的《导言》中指出资产阶级反对封建制度的长期斗争中有三次大的决战:第一次是路德(Martin Luther,1483—1546)、伽尔文(Jean Calvin,1509—1564)的宗教改革.第二次是在英国发生的,结果把国王查理一世(Charles Ⅰ,1600—1649)送上了断头台.第三次则是1789年爆发的法国大革命.这一次,资产阶级完全抛开了宗教外衣,进行政治上的决战,直到贵族被消灭而资产阶级取得了完全的胜利.这当然反映了资产阶级的壮大和成熟.恩格斯说:

> "这时候,唯物主义从英国传到了法国.……在法国,唯物主义最初也完全是贵族的学说.但是不久,它的革命性就呈现出来了.法国的唯物主义者没有把他们的批评局限于宗教信仰问题;他们把批评扩大到他们所遇到的每一个科学传统和政治设施;而为了证明他们的学说可以普遍应用,他们选择了最简便的道路:在他们因以得名的巨著《百科全书》中,他们大胆地把这一学说应用于所有的知识对象.这样,唯物主义就以其两种形式中的这种或那种形式——公开的唯物主义或自然神论,[①]成了法国一切有教养的青年的信条.它的影响如此巨大,以致在大革命爆发时,这个由英国保皇党孕育出来的学说,竟给法

---

① 自然神论是一种宗教哲学学说,认为神是非人格的、有理性的世界始因,但是神不干预自然现象和社会生活.

国共和党人和恐怖主义者一面理论旗帜，并且为《人权宣言》提供了底本."①

这些唯物主义者确实想建立关于人的本性的科学.关于自然的科学证明了自然界遵从一些法则，是合理的，是可预测的.人既然是大自然的一部分，人类社会也应该服从一种理性的法则，经济生活应该是由经济中的某些力决定的，和行星之间有引力一样.人间之所以有罪恶、有压迫、有不平等，全是因为人不能按这些法则办事.如果有人能找到这些法则而人类又乐意服从它，则人类就会摆脱黑暗的统治，进入光明的王国.可是怎样去找到这些法则呢？对于社会是不可能做实验的.好了，我们还有数学、数学的方法，更准确说是欧几里得的方法，是从公理开始演绎得出种种结论.从霍布斯到洛克既然如此尊崇几何学，难怪他们都是首先找出人类社会或人性的"公理,"并由此找到建立光明的王国的方案.

其实，这些"公理"都是反映当时的社会需要.它们都肯定人生而平等；人性总是趋吉避凶；人总是按照自己的利益来行动的.最后一条公理最为重要，它几乎被看成和万有引力定律一样放诸四海而皆准.正因为这些公理反映了当时社会发展的需要——资产阶级取得统治的需要，所以英国唯物主义在当时阶级斗争最尖锐的法国得到了超乎在其本国的热烈欢迎.洛克在法国得到的欢迎远胜于其在本国的地位.这部分地是由百科全书派思想家伏尔泰（François-Marie Voltaire，1694—1778.请注意，伏尔泰只是化名，他的真名是 Arouet François-Marie）、狄德罗（Denis Diderot，1713—1784）带来的.洛克从他的哲学认识论开始去探求政府存在的理性的根据.既然人的心灵只是一块"白板"，他的性格与知识来自经验，来自环境，"近朱者赤，近墨者黑"，人处于一种"自然状态"之中，用洛克的话来说："众人遵循理性一起生活，在人世间无有共同的长上秉威权在他们之间裁决，这真正是自然状态."这时人人都有自由而互不侵犯，而为了维护这种状态，人结成"社会契

---

① 《导言》，394-395 页.

约"(卢梭,Jean-Jacquse Rousseau,1712—1778,生于洛克死后,他的《社会契约》出版于1762,更远在洛克之后了),给政府以惩治违反契约、破坏自然状态的人的权力.其实,政治的主要任务也如洛克所说:"人类结成国家,把自己置于政治之下,其伟大的主要目的是保全他们的财产.""最高权力若不经本人同意,不得从任何人取走其财产的任何部分."甚至军官可以处士兵死刑却不得拿走他的钱财.政府应该按人民的公益办事,如果不这样做,就应该被推翻.这听起来是很民主的,但是应该牢记,洛克认为妇女和穷人是没有公民权利的①.

洛克的政治哲学最好不过地体现在18世纪一篇极著名的"数学"政治文件中,即美国的《独立宣言》.其实,《独立宣言》中引用了不少洛克的话.我们从《宣言》中引述几段,看一看数学方法的影响:

> "吾人认为这些真理为自明的,即人生而平等,造物主赋人以某些不可剥夺的权利,如生命、自由以及寻求幸福.为保障这些权利,人建立政府,其公正的权力来自被统治者之同意.若任何形式之政府有违于此目的,则人民有权将之更换或废除,并组成新政府,其基础即上述之原理,使能最好地达到人民的安全与福祉."(着重点是作者加的).

注意,这完全是公理(上述自明的真理)化的说法.有了公理以后再继之以某些事实,指出英国殖民政府实有悖于这些公理,因而北美十三州人民有权起来推翻之,并成立美利坚合众国.《宣言》的主要作者之一杰弗逊(Thomas Jefferson,1743—1826),美国的第三任总统,也是当时主要思想家之一,本人就是很喜欢欧几里得几何的.这样,我们看到,美国的独立战争和法国大革命都是打着理性主义的旗帜进行的,而这种理性主义是非常几何化的.

我们就不再来谈当时资产阶级的经济学说、伦理学说等等也都具有这种几何化的理性主义的特点了.

---

① 以上引用洛克的话,都转引自罗素《西方哲学史》下册,第十四章:洛克的政治哲学,148-174页.

可是,历史的发展完全不是遵循理性王国所指出的道路的.其理由霍布斯就说过:如果三角形内角和为二直角这个定理违反了人的利益,人就会烧光一切几何书.我们先引述两位绝非马克思主义者的人的说法,一位是 M.克莱因《西方文化中的数学》:①

"自然权利的学说到 19 世纪就已状况不佳.许多革命的领袖,其中著名的有哈密尔顿(Alexander Hamilton,1755—1804,美国早期政治家),麦迪逊(James Madison,1751—1836,美国第四任总统),亚当斯(John Adams,1735—1826,美国第二任总统)更着力于保障私有财产而不是群众的权利.更有许多特别的辩护者或者把自然权利说成是上升的商人阶级的利益,他们要求有赚钱不受政府干预的自由,或者把自然权利限制于自由人,而使奴隶制有根据.在英国,劳动者受教育的自然权利被否定了,因为受了教育会使他们对自己的命运不满,使他们行为乖张,又会读煽动性的小册子、坏书和反基督的印刷品.此外,自然权利学说既然燃起了法国大革命,则其后的坏事如恐怖统治(指罗伯斯庇尔等的恐怖),拿破仑的专权独裁也应归罪于它."

再看一下罗素在《西方哲学史》(下册,174 页)中的话:

"洛克的政治哲学在工业革命前大体上一直适当合用.从那个时代以来,它越来越无法处理各种重大问题.庞大的公司所体现的资产权力胀大得超乎洛克的任何想象之外.国家的各种必要职权——例如在教育方面的职权——大大增强.国家主义造成了经济权力和政治权力联盟,有时两者融为一体,使战争成为主要的竞争手段."

这些话都是 20 世纪中叶说的.克莱因认为英国哲学家边沁(Jeremy Bentham,1748—1832)的功利主义能补洛克之不足,罗素则认为国与国之间的"社会契约"能解决当代的问题.其实,启蒙

---

① *Mathematics in Western Culture*,Oxford University Press,1953.引文见第 21 章:关于人的本性的科学,330 页.

思想家用理性的号角招来了妖魔,就如天方夜谭故事中说的一样,再想用理性主义把妖魔装回瓶子是不可能了.要解决资本主义带来的问题,这些社会学说的力量已是强弩之末势不能穿鲁缟,所以应者寥寥有些凄凉了.倒不如听一下恩格斯在一百多年前(1882)的《社会主义从空想到科学的发展》(前引文 407 页)中是怎样说的吧:

> "我们已经看到,为革命做了准备的 18 世纪的法国哲学家如何求助于理性,把理性当作一切现存事物的唯一的裁判者.他们要求建立理性的国家、理性的社会,要求无情地铲除一切和永恒理性相矛盾的东西.我们也已经看到,这个永恒的理性实际上不过是正好在那时发展成为资产者的中等市民的理想化的悟性而已.因此,当法国革命把这个理性的社会和理性的国家实现了的时候,新制度就表明,不论它较之旧制度如何合理,却绝不是绝对合乎理性的.理想的国家破产了,卢梭的社会契约在恐怖时代获得了实现……理性的社会的遭遇也并不更好一些.富有和贫穷的对立……更加尖锐化了;现在已经实现的脱离封建桎梏的'财产自由',对小资产者和小农说来……就变成了失去财产的自由(着重点是原有的)……革命的箴言'博爱'在竞争的诡计和嫉妒中获得了实现.……总之,和启蒙学者的华美约言比起来,由'理性的胜利'建立起来的社会制度和政治制度竟是一幅令人极度失望的讽刺画."

在 19 世纪初,指明这种失望的人出现了,这就是社会主义者.

18 世纪的这些思想家显然是太数学化了.他们想找出政治科学或经济科学的"公理".可是他们没有认真地研究过现实的社会并由此检验自己的"公理"及其推论是否正确.但是不论如何,关于人类社会也应该用科学的方法来研究,这一点已经不可怀疑了.应该探讨各个领域的基本原理,并且把有关的知识都合逻辑地组织起来,这也是无可怀疑了.这就是当时理性主义的功绩.比之中世纪的教权统治,比之黑暗和蒙昧,这总是人类的进步.在这个进步的历史长程中,欧几里得式的数学总是起了极大的推动作用.这里有一个重要的问题,即数学在社会科学中能起什么作用的问题.社会现象与自然现象相比是无比地复杂,因为社会的客观规律是通过人的自觉活动来实现的,甚至是通过人的"卑劣的贪欲"来实现的.所以社会科学要想成为科学,首先需要透过这无比纷繁的现象找到最本质的规律.迄今没有理由说明这一点可以通过数学做到.恩格斯在《自然辩证法》中提到过数学在各门科学中作用不同,例如在生物学中等于零.时代的发展当然使这个论断失效了.但是数学在不同的科学中作用确是不同的.尽管如此,数学方法仍然日甚一日地"侵入"社会科学的领地,特别是经济学.数学对于经济学能起多大作用? 至今有不同看法(请读者参看本丛书中史树中著《数学与经济》一书).数学既然在认识自然中起了如此重大的作用,则人们一定会应用它来研究社会生活的.数学的作用是什么? 还是我们在绪言中说的那句话:"认识宇宙,也认识人类自己."人不断地塑造自己:人终于成了更高尚、更丰富也更有力量的人.数学有什么"用"? 这就是最根本的"用".

1.5　希尔伯特的《几何基础》

欧几里得几何的方法即公理化的方法产生的文化背景和它对世界文明的影响已经在上面讨论过了.当然,在这过程中它本身也一定会进一步发展.现在扼要提一下数学本身的发展对公理化方法的要求.首先,前已论及,《几何原本》本身就有不少缺点,在这个过程中逐步被人发现和改正.更为重要的是,第五公设从一开始就是争议的对象,而在 19 世纪初非欧几何出现时,得到了解决——更准确些说是大为深化.这是下一章的主题.以上是几何学内部的情况.至于整个数学,微积分虽然起了如前所说那么大的作用,其本身的基础是不巩固的,其基本概念有许多是不清晰的.19 世纪起,进入了数学分析的重新奠基的时期.在一切不明确的概念中,核心问题是关于无限的问题.这是从希腊时代就困扰着哲学家和数学家的问题.19 世纪中叶出现了集合论.最困难的是无限集合的概念.数学分析的基础在它.这时数理逻辑也发展起来了.人们有更强有力的手段来处理公理化的许多问题.当然,人们对欧几里得几何体系的认识更深刻了,对其方法论的讨论更深入了.1899年出现了希尔伯特(David Hilbert,1862—1943)的名著《几何基础》(*Grundlagen der Geometrie*),以严格的公理化方法重新阐述了欧几里得几何学.这部名著的意义远远超出了几何学本身.它为数学的公理化方向开辟了道路.而公理化,不管人们喜欢它与否,总是19—20世纪数学最显著的特征之一,而且也恰是影响整个人类文化最深刻的特征之一.在介绍这本名著之前,应该声明,我们这本小册子以下的部分将要有比较多的技术细节.这是因为在古代,数学和哲学的界限时常不甚分明,当时的数学知识也比较简单,所以可以夹叙夹议而不致产生过多的误解.现在就不完全一样了,但这并不表示现代数学主要是技术细节而与人类文化发展总的潮流互相孤立.恰好相反,数学与文化的互相交织也更深刻了,有时还不太容易理解.

《几何基础》一问世就不胫而走,有多种译本.原书也一再修订,到希尔伯特去世时已出到第七版.他死后,他的学生贝尔纳斯(Paul Bernays,1888—1978)又将它修订增补到第十二版.早在1924年,已故数学家傅种孙先生曾据英译本第一版译之为中文,书名《几何原理》;1958年又出版了江泽涵教授根据第七、八版译出的《几何基础》.下文中凡引用此书,均根据科学出版社1987年请朱鼎勋对江译本根据原书第十二版补订的译本《几何基础》.

原书是这样开始的:

> "几何和算术一样,它的逻辑结构只需要少数的几条简单的基本原理做基础.这些基本原理叫作几何公理.建立几何的公理和探求它们之间的联系,是一个历史悠久的问题,关于这个问题的讨论,从欧几里得以来的数学文献中,有过难以计数的专著.这个问题实际就是要把我们的空间直观加以逻辑的分析.本书中的研究,是重新尝试着来替几何建立一个完备的,而又尽可能简单的公理系统;要根据这个系统推证最重要的几何定理,同时还要使我们的推证能明显地表出各类公理的含义和个别公理的

推论的含义"(导言).

很奇怪,很多引述希尔伯特的人都没有注意到希尔伯特讲的"要把我们的空间直观加以逻辑的分析". 很清楚,几何学的内容来自我们的空间直观,而我们做的只是讨论它的一个侧面,即作"逻辑的分析". 这个分析的起点是:

"**定义**　设想有三组不同的对象:第一组的对象叫作点,用 A, $B,C,\cdots$ 表示;第二组的对象叫作直线,用 $a,b,c,\cdots$ 表示;第三组的对象叫作平面,用 $\alpha,\beta,\gamma,\cdots$ 表示. 点也叫作直线几何的元素;点和直线叫作平面几何的元素;点、直线和平面叫作空间几何的元素或空间的元素.

设想点、直线和平面之间有一定的相互关系,用'关联'(在……之上,属于)、'介于'(在……之间)、'合同于'(全同于,相等)等词来表示. 下面的公理将给这些关系作出精确而又完整的描述."

"定义"是 Erklärung 一词的译文,有"说明"之意. 大家可以看到,其中只说了三种对象:点、直线和平面及其间的三种关系"关联""介于""合同于". 它们其实没有"定义",也没有暗示它们与我们日常生活中见到的点、线、介于、合同……有什么关系. 只说明了要讨论它们,而这些词的精确的描述见于"公理",即只准许按一定的规则(这些公理和逻辑规则)来使用这些词. 所以施利克(Schlick)把公理说成是"隐定义". [1]

然后是五组公理共 20 个. 因为我们只讨论平面几何,所以只介绍一部分.

Ⅰ　**关联公理** 8 个,1~3 为平面公理:

Ⅰ$_1$　对于两点 A 点 B,恒有一直线 a,它同 A 和 B 这两点的每一点相关联.

在《几何原本》中,Ⅰ$_1$ 应写作 a "通过"或"联结" A、B 两点,这是完全直观的. 但现在的"相关联"是完全抽象的,它究竟是什么?希尔伯特全然不回答. 这不是故弄玄虚,它的好处下面就会看到.

---

[1]　爱因斯坦:"几何学和经验",见《爱因斯坦文集》第一卷,商务印书馆,1976,137 页.

Ⅰ₂　对于两点 A 和 B,至多有一直线,它同 A 和 B 这两点的每一点相关联.

Ⅰ₃　一直线上恒至少有两点;至少有三点不在同一直线上.

Ⅱ　**顺序公理**　首先认识到它的重要性的是帕士(Moritz Pasch,1843—1903)(见于其《新几何讲义》*Vorlesungen über neuere Geometrie*,1882 一书).直线上之点有顺序关系是很明白的.例如图 9 中的 C"介于"A、D 之间",B"介于"A、C"之间",可见 B 必"介于"A、D"之间".但是希尔伯特的 *Erklärung* 中对"介于……之间"没有作任何的直观的说明,上述命题就不是"可见"而是"可证"(但决非易证).而为了求证就要有一组基本的命题.帕士确实找到了它们,而且确实证明了上述命题.这组公理共四条,它是十分重要的.①

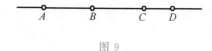

图 9

Erklärung　在一直线上的点有一定的相互关系,称为"介于"或"在……之间".

Ⅱ₁　若一点 B 在一点 A 和一点 C 之间,则 A、B、C 是一直线上的不同三点,这时 B 也在 C、A 之间.(图 10)

Ⅱ₂　对于点 A 和 C,直线 AC 上恒有至少一点 B 使 C 在 A、B 之间.(图 11)

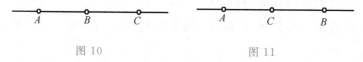

图 10　　　　　　　　　　图 11

Ⅱ₃　一直线上的任意三点中至多有一点介于其他二点之间.注意,至今还没有规定直线上的定向.

Ⅱ₁~Ⅱ₃对于讨论平面几何是太贫乏了.帕士十分聪明地给出了另一个公理,后来即称为帕士公理.希尔伯特也把它作为一个公理:

Ⅱ₄　(帕士)　设 A,B,C 是不在同一直线上的三点,设 a 是

———————————————

①　前面关于任意三角形都是等腰三角形的"证明"之所以不对,就在于《几何原本》中没有顺序公理.

平面 ABC 的一直线,但不通过 A,B,C 这三点中的任一点,若 a 通过线段① AB 的一点,则它必定也通过线段 AC 的一点或线段 BC 的一点.

直观地说是:若 a 进入三角形 ABC,则它必定也要出去.但要注意,如图 12 所示,a 不能同时通过 AB、BC 与 AC.证明如下:如图 13 所示,设 a 分别交 AB、BC 和 AC 于 L,M,N,则 L,M,N 三点中必有一点(设为 M)介于另二点之间.考虑 $\triangle ALN$ 和直线 a' $=BC$,由 II_4,因 a' 通过 LN,故必过 AL 或 AN.但由 II_3,a' 与 AL 之交点 B 在 AL 外,故必过 AN 之一点 C.故 C 在 A,N 之间,而 N 不能在 A,C 之间(II_3).证毕.

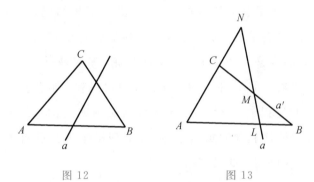

图 12　　　　　图 13

Ⅲ　合同公理　回忆起中学讲初等几何证明三角形全等(合同)的方法是移动三角形使之重合,从而把运动引入了几何学.前已说过,欧几里得对此是迟疑的.希尔伯特用"合同"的概念来代替运动,而什么叫合同则是不加定义的,只指出它是线段之间的一种关系.合同公理有:

III_1　设 A,B 是直线 a 上两点,A' 是此直线或另一直线 a' 上一点,而且规定了 a' 上 A' 一侧②,则在 a' 上 A' 之一侧一定可以找到另一点 B',使 AB 与 $A'B'$ 合同,记作 $AB\equiv A'B'$.

要注意,希尔伯特并不区别 AB 和 BA,所以上式也可写为 $BA\equiv A'B'$,或 $BA\equiv B'A'$,$AB\equiv B'A'$ 等.还要注意,B' 是否为唯一的待证.

---

① 希尔伯特原书中对什么叫线段也下了定义.我们为简单起见不加引用.
② 原书至此已定义了什么是直线上一点之两侧,什么是半射线,什么是平面上某一直线之两侧等等.

Ⅲ₂　若两线段 $A'B'$ 与 $A''B''$ 均与 AB 合同，则 $A'B' \equiv A''B''$.

这就是等量相等公理(欧几里得公理1).

由于"合同"现在只是一个名词而被剥去了一切直观的内容，所以许多看来显然的事实都有待于证明了. 例如 $AB \equiv AB$，即合同关系的"自反性"之证明如下：

任取一点 C(Ⅰ₃，平面上至少有三点)，过 C 作直线 a(例如作 AC，Ⅰ₁). 由Ⅲ₁，可以在 a 上找到一点 D，使 $AB \equiv CD$. 将此式再写一次：$AB \equiv CD$. 用第一式中的 AB 为Ⅲ₂中的 $A'B'$，第二个 AB 为Ⅲ₂中的 $A''B''$，CD 则作为 AB，由Ⅲ₂有 $AB \equiv AB$.

没有受过训练的人当然会感到这个"证明"既无必要又莫名其妙. 但是人的思维就应该这样地"中规矩". 归根结底，人不能整天赋诗作"文"."花非花，雾非雾"，白居易的诗句读起来是有某种朦胧美的，办起事来可不能这样. 花就是花，雾就是雾. 合乎逻辑的思维是文化素质的不可少的部分."何必'逻辑'得这般出奇？"在认识宇宙的过程中，深入到一定程度就必须如此，此其一；有一部分人能自如地这般合逻辑地思维，才能使整个人类逻辑思维的水平达到一定的程度，此其二.

再证合同关系的对称性：若 $AB \equiv A'B'$，则 $A'B' \equiv AB$.

证　由于 $A'B' \equiv A'B'$(自反性)，$AB \equiv A'B'$(假设)，故由Ⅲ₂，$A'B' \equiv AB$.

还有传递性：若 $AB \equiv A'B'$，$A'B' \equiv A''B''$，则 $AB \equiv A''B''$.

证　由对称性，$A''B'' \equiv A'B'$，再由假设 $AB \equiv A'B'$，故由Ⅲ₂，$A''B'' \equiv AB$. 最后由对称性即有 $AB \equiv A''B''$.

有了合同关系，即可定义运动. 不过要注意，"运动"，现在也和合同一样是没有直观内容的"名词". 我们定义，若 $AB \equiv A'B'$，则说存在一个运动将 AB 变为 $A'B'$. 自反性于是就成为：有一运动变 AB 为其自身，这个运动称为恒等运动. 对称性成为：若有一运动变 AB 为 $A'B'$，则也有一运动(称为上述运动的逆运动)变 $A'B'$ 为 AB. 传递性现在就是，若有一运动变 AB 为 $A'B'$，另一运动变 $A'B'$ 为 $A''B''$，则必有一运动(称为这两个运动之积)变 AB 为 $A''B''$. 用数学的行话来讲：运动成群.

Ⅲ₃ 设有线段 AB 与 BC 同在 a 上且无公共点,另两线段 $A'B'$ 与 $B'C'$ 同在 a 上,且亦无公共点. 若 $AB \equiv A'B'$,$BC \equiv B'C'$,则 $AC \equiv A'C'$.

这就是《几何原本》中的等量相加定理.

下面进一步讨论角的合同.这里就先要定义什么是角,什么是角的内域、外域,什么是补角等等.然后又声明角之间也有"合同"的关系,而且有下面的公理.

Ⅲ₄ 设给定了一平面 α 上的 $\angle(h, k)$(以从同一点 O 发出的半射线 h 和 k 为边的角),一平面 α' 上的一条直线 a' 和在 α' 上 a' 的一侧.设 h' 是 α' 上的,从一点 O' 起始的一条射线,则平面 α' 上恰有一条射线 k'(也从 O' 起始),使 $\angle(h, k)$ 与 $\angle(h', k')$ 合同或相等,而且使 $\angle(h', k')$ 的内部在 a' 的这给定了的一侧;用记号表示,即 $\angle(h, k) \equiv \angle(h', k')$. 每一个角和它自己合同,即 $\angle(h, k) = \angle(h, k)$.

注意 Ⅲ₄ 和 Ⅲ₁～Ⅲ₃ 不同,它把合同关系的自反性列入公理之中,但对称性与传递性待证.同样,它把合同角的唯一性也列入公理之中,而 Ⅲ₁ 中与 AB 合同的 $A'B'$ 之唯一性则是待证的.

Ⅲ₅ 若三角形[①] $\triangle ABC$ 与 $\triangle A'B'C'$ 有下列合同式 $AB \equiv A'B'$,$AC \equiv A'C'$,$\angle BAC \equiv \angle B'A'C'$,则也恒有合同式 $\angle ABC \equiv \angle A'B'C'$.

实际上,交换记号也可知 $\angle ACB \equiv \angle A'C'B'$,但 Ⅲ₅ 还不是三角形合同的 S.A.S 定理,因为 $BC \equiv B'C'$ 待证.

合同公理是一组十分重要的公理.由它可以定义直角即与自己的补角相合同的角,也可定义垂线.然后可证等腰三角形底角相等,三角形的合同定理(S.A.S;A.S.A;S.S.S.),对顶角合同,直角存在,凡直角均合同,作垂线的可能性等等.一个特别重要的定理是:

外角定理 在三角形中一个外角,大于其任一不相邻的内角.

如果我们知道三角形三内角和为 $180°$,则此定理是明显的.

---

① 原书中先定义了折线段为一组线段 $AB, BC, CD, \cdots, KL$. 若 $A, B, C, D, \cdots, K, L$ 均在同一平面上,且 L 即 A,则这个折线段叫作多边形.由 n 个线段构成的多边形叫 n 边形.此处与以后均设三角形的三顶点不在同一直线上.

但是我们马上会看到正是不能用这个事实,因为它是平行公理的等价命题,而外角定理即令没有平行公理也是对的.证明如下:

先证∠CAD≢∠ACB.用反证法.如图 14 所示,设∠CAD≡∠ACB,取 AD＝BC,则比较△ACD 与△ACB,由于还有公共边 AC≡AC,故二者合同,而∠ACD≡∠CAB,但后者是∠CAD 的邻补角,由于∠CAD≡∠ACB,所以∠ACD 合同于∠ACB 的邻补角,而 D 在直线 BC 上.但这是不可能的,否则 BC 与 AB 有二交点 B 和 D.∠CAD＜∠ACB 也不可能,否则以 AC 为一边作∠ACB′≡∠CAD,CB′应在∠ACB 内,如图 15 所示.对△ACB′而言,外角∠CAD 合同于内角∠ACB′,这是不可能的.用对顶角可证∠CAD＞∠ACB.

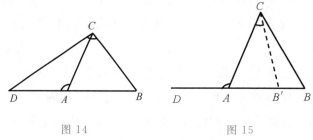

图 14　　　　图 15

这里用到了角的大小,而这个概念——以及线段的大小——都是基于合同概念的.

由这个定理又可得到许多重要定理,例如三角形的大边对大角,又如三角形合同定理 S.A.A.(要注意,同样我们不准许使用三角形三内角之和为 180°的定理).

至此可能以为欧几里得几何的一切定理都可证明了(当然还要加上平行公理).不然,这里还缺少另一组极重要的连续性公理 V,共两条:

V₁(阿基米德公理)　若 AB 与 CD 是两线段,则必存在自然数 n,使得沿由 A 到 B 的射线上,自 A 作 n 条首尾相接的与 CD 合同的线段,得 AE≡nCD,则 B 必介于 A,E 之间.

V₂(直线的完备性)　一直线上的点集连同其顺序关系和合同关系不可能再这样地扩充,使得这直线上原来元素之间所具有的关系、从公理Ⅰ～Ⅲ所推出的直线顺序与合同的基本性质以及

公理 V_1 都仍旧保持.

这两个公理是希尔伯特的公理系统中最细致入微的.尤其是后一个.它所说的是直线上再不可能添加新的"点"而仍保持原有的公理系统(图 16).也就是说,直线上没有"空隙".这是非常重要

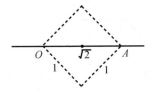

图 16

的.因为解析几何的一个根本前提就是:直线上的点必须与实数(其坐标)一一对应.毕达哥拉斯的发现 $\sqrt{2}$ 即说直线上还有点(单位边长的正方形对角线 OA 之端点 A)是没有数(毕达哥拉斯只承认自然数与分数即"比数"为数)与之对应的,必须要创造"非比数" $\sqrt{2}$ 这样的新数才行.也就是说,有理数系还是有空隙的,还要添加上无理数才行.但是如果加上 $\sqrt{2}$,$\sqrt{3}$ 或许还有 π……这样做能不能保证就不再有空隙了呢?不行,需要一种有系统的、一劳永逸的方法来建立无理数理论.这个问题直到 19 世纪中叶(毕达哥拉斯死后两千多年了)才由戴德金(Richard Dedekind,1831—1916)、康托尔(Georg Cantor,1845—1918)建立了有系统的无理数理论后才得解决.这样得出的实数系是完备的,也就是没有"空隙"的.戴德金和康托尔建立的完备的实数系是以直线作为完备性的模型的,所以在有关直线的公理中必须有一个说明直线完备性的公理,此即公理 V_2.有了 V_2,就可以证明:

完备定理 几何元素(点、直线、平面)形成一个集合,在保持公理 I,II,III,V_1 的条件下不可能再用新的几何元素加以扩充.

也就是说,空间无"空隙".这样回忆 1.2 节关于欧几里得《几何原本》中命题 1 的证明,可知 V_2 之重要性.

我们不再讨论 V_1,只说明 V_2 并非 V_1 的推论.而且,在 V_2 的陈述中提到 V_1,这是不可少的.若将 V_2 的陈述改为"只要求保持公理 I～III 而不要求保持 V_1",就会产生矛盾.

最后讲一下希尔伯特的平行公理:

Ⅳ （平行公理）　设 a 是平面 α 上的一直线，A 是 α 上 a 外一点，则在 α 上只有至多一条直线通过 A 且不与 a 相交(图 17).

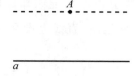

图 17

这条直线就定义为通过 A 的 a 之平行线.

要注意，希尔伯特的平行公理Ⅳ的陈述与欧几里得的第五公设不同，但是可以证明二者等价.

前面已说过由公理Ⅰ～Ⅲ可以证明许多重要的几何定理. 但以下定理的证明却少不了平行公理Ⅳ.

（1）三角形的三内角和为 180°.

（2）可以定义几何图形的面积，特别是证明矩形面积为底乘高.

（3）可以讨论圆的许多性质，例如可以作出三角形的外接圆.

（4）可以建立相似形的理论.

（5）可以证明毕达哥拉斯定理，由此还可以建立平面三角学.

（6）证明 π 的存在.

由此可以想见，如果没有平行公理的几何学将与我们熟知的几何学区别不大，那么我们将要讨论的非欧几何学就建立在将平行公理加以改变的基础上，这将是一种多么奇怪的几何学. 还要指出，希尔伯特的公理Ⅳ说的是"至多一条"平行线，而没有说"唯一一条"."至多一条"也可以意味着一条也没有. 但是可以由其他公理证明不存在这一情况，见 2.1 节定理 1 的推论 2. 说明这一点很重要，因为有一种几何学（椭圆几何学），其中过 a 外一点 A 根本不能作出 a 的平行线. 可以想见，椭圆几何中，公理Ⅰ～Ⅲ和Ⅴ中一定有某几个不成立. 例如，如果定义球面上的大圆为直线，则任意两条直线都一定相交. 在球面几何中：直线上三点 A,B,C 必只有一点位于另二点之间就不成立. 请问图 18 中的 A,B,C，谁位于谁之间？ 这种球面几何就是一种椭圆几何. 但它在物理上是极为重要的.

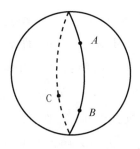

图 18

与希尔伯特相比,欧几里得的公理系统自然过于粗疏.罗素说过:"把欧几里得的著作评价为逻辑杰作,这是过于夸大了."二者的区别在于,欧几里得的公理充满了直观经验的内容,而希尔伯特的公理系统中所说是"点、直线、平面"以及"关联、介于、合同",全都是没有内容的符号和词.公理则是含有这些词的无内容的约定.这样我们得到的是一个包含有某些公理的形式系统.在这个系统中运用这些无内容的词进行推理,唯一需要遵循的是一些明确规定的逻辑规则以及这些公理.这种观点是数学基础的形式主义观点.可是务请注意,"形式主义"在这里没有任何一点贬义.希尔伯特甚至说过一段著名的话:"数学就是用一些无意义的符号按一些简单规则在纸上玩的游戏."务请不要急于去"批判"这,"批判"那,如果你不想大出洋相的话.(下一章还要引用罗素一段"臭名昭著"的"谬论".先打一个招呼,"批判"务请慎重!)作者见到过希尔伯特一位亲密的弟子汉斯·勒维(Hans Lewy),并问过他,希尔伯特是不是真如"形式主义"一词那样地只重视逻辑推理的形式或形式的逻辑推理? 他大为吃惊地反问:"你为什么这样想?"并且说,恰好完全相反,他是一个思想极活泼、极富于物理直观的人.事实上,在讨论几何问题时我们总是自觉或不自觉地依赖直观经验的.希尔伯特的《几何基础》一书有许多几何图形即一明证.那么,直观是不能从认识论中被永远放逐出去的.但是我们确实想把这种得自日常生活的直观经验尽量"压缩",不但是想看一看理性的逻辑思维究竟能走多远,而且想知道确切的界限在哪里.希尔伯特把欧几里得的公理方法大大发展了,使之几乎完美无缺,甚至提出了按公理化的方法整理整个数学的形式主义的纲领."当然,这是不可能的",许多人会情不自禁地这样说.可是,为什么是"当然"呢?难道可以用一般的哲学思辨来回答这个问题吗?否,真正宣告了它的失败的正是严肃地用完全公理化的数学方法证明了它的不可能性[下一章的哥德尔(Kurt Gödel,1906—1978)定理].但是,它的提出和"失败"都是人类思想史上的了不起的大事.它不仅告诉了我们人的逻辑思维能力是有界限的,而且它大大帮助了人们突破自己狭隘经验的束缚,引导人们走向新的天地.

希尔伯特说了数学是游戏的话,但这只是如希尔伯特在《几何基础》导言中说的,其目的是对"我们的空间直观(其实也是整个数学)加以逻辑地分析".数学家决不会凭空设想出一组公理而把数学变成下一种奇怪的棋."认识宇宙,也认识人类自己",这是永恒的主题.这就是要追求真理.但既然数学已无内容,则有何"真""伪"可言?从逻辑分析的角度来看,如果推理开始时所依据的命题为"真",而推理又符合逻辑的规律,则其结论为"真".可见已经把主客观的一致这种"真",代之以逻辑上的"真".既然最基本的公理已经没有内容,自然没有是否符合客观实际的真伪可言.这样做并不是由于数学家的脱离实际的怪癖,而是数学发展到一定程度必然的产物.这是人类认识客观世界这个长过程的一段.数学发展到这一步是一个伟大的进步.

为什么说把公理等等都说成是无内容的约定与记号是一大进步呢?以欧几里得最简单的公理:"过任意两点可以作一直线",即希尔伯特的公理 I_1:"对于两点 A 和 B,恒有一直线 a,它同 A 和 B 这两点的每一点相关联"为例.如果我们考虑的点成一集合:$\{A_1,A_2,\cdots,A_n\}$,则上述 I_1 可写成一个公式"$\forall$(对于所有的)$A_i,A_j,i,j=1,2,\cdots,n,i\neq j$,$\exists$(存在)$a$,使得 $A_i,A_j\in a$(属于 a,在 a 之上)".请问这样的公式有什么真伪可言?如果把 $A_1,A_2,\cdots,A_n$"解释"为一群小孩子,a"解释"为兄弟,$\in a$"解释"为具有兄弟之关系,则上述公式的解释是:"这些孩子全都是兄弟".只有上述公式的这种"解释"才谈得上是我们通常所了解的为"真"或为"伪".应用记号,并对于记号可以作相当任意的解释,这在数学上

本是常见的事. 没有这一点就没有数学. 例如,我们说
$X^2-Y^2=(X+Y)(X-Y)$,X,Y代表任意的数. 虽然我们并没有
指明这些记号代表什么数,但由于数的运算法则是众所周知的,
所以我们从不会怀疑这个公式为真. 但是如果我们的思想具有彻
底性,就应该问,为什么不容许用记号代替其他的对象如上例之
所指呢? 问题在于并不是说要有彻底性就会有彻底性的,它只能
来自长期的数学研究. 这也是数学带给人类的一大贡献吧! 回到
我们的话题. 一个记号可以代替完全不同的对象,反过来也就说
这些对象乃是这记号的不同"解释"(interpretation)或"模型"
(model). 于是一个公式可以在某一解释下为"真",而在另一解释
下为"伪". 放弃了判断数学命题是否在直接的朴素意义下符合客
观实际,得到的是允许作不同解释的潜在可能性. 这当然是一
进步.

允许公理系统没有任何内容而只讨论逻辑的真和伪,那么在
逻辑上有什么要求呢?

首要的是"相容性",即不允许由公理系统推导出矛盾来,即已
证得一命题 A,同时又证得反命题非 A(记作 $\neg A$). 这是一个很难
解决的问题. 因为由一个公理系统可以推导出来的命题可能是无
限的,所以没有可能一一检索是否其中有互相矛盾的命题. 相反
的,判断一个公理系统是不相容的,却只需找到一对相矛盾的命
题就可以做到(当然,实际上做起来就是另外一回事了). 所以,数
学中采用另一种方法来解决"相容"性的问题. 这就是,对公式中
的符号找一种解释,也就是为这个形式系统找到一个模型,并且
要求在此模型中有真伪可言,而该形式系统中的公理在此模型中
为真. 原来的形式系统称为抽象理论,这个模型则称为具体理论.
不过,具体理论并不一定是物质性的东西. 例如,前面讲的" $\forall$ A_i,
A_j,$i,j=1,2,\cdots,n,i\neq j$,$\exists a$ 使得 $A_i,A_j\in a$"就是一个抽象理论,
而把 A_i 解释为点(或孩子),a 解释为直线(或兄弟关系),$\in$ 解释
为"在其上"(或"具有此关系")就是同一抽象理论的两个模型或
两个具体理论.

模型的用处何在? 在模型中公理已是成立的,如果在此模型

中该公理系是相容的,则原来的抽象理论也是相容的.因为若在抽象理论中有互相矛盾的命题 A 和 $\neg A$,则它们在模型中也应有相应的互相矛盾的解释.但这是不可能的,因为前面已说过在此模型中该公理系是相容的.因此得知抽象理论是相容的.这似乎是一种颠倒:在从事数学研究时,不是应该从具体的东西上升到抽象的东西吗?而现在抽象的东西反成为第一性的,具体的东西反而成为模型了,"这当然是柏拉图主义".真是这样简单的事吗?暂时存疑以待读者见教.但是我们要注意,"具体的"模型并不具体,而且不能"具体",而且绝对不能以经验的、物质性的东西作为模型.问题又出在"真"与"伪"上.上面我们要求在模型中公理系是相容的,所以模型中一定要能够说得上命题在逻辑意义上的"真"或"伪".对于经验性的东西,是无法谈到这一点的.所以我们可以再看一下 1.2 中对《几何原理》的评论,我们在那里"证明"了任意三角形是等腰的.在前面的脚注里我们指出了,这是由于《几何原本》中缺少了顺序公理.其实,最根本的在于对几何图形作图是无法按逻辑的标准来判断其"真"或"伪"的.看起来,希尔伯特的《几何基础》才是抽象理论,才是"真正"的"现代意义下"或"作为数学的"几何学,尽管其中有许多图形,那是为了方便读者的,应该能够不借助图形而读懂这本书①;而《几何原本》只是不完全的模型.只是"朴素意义下"或"古代意义下"的几何学.看来我们应该区分"作为数学的几何学"和"作为物理的几何学".《几何基础》俄译本序对此讲得很清楚,爱因斯坦在《几何学和经验》(前引爱因斯坦文集第一卷,136 页)中说:"只要数学的命题是涉及实在的,它们就不是可靠的;只要它们是可靠的,它们就不涉及实在",其实就是这个意思.我们将在第三章里进一步讨论这件事.

　　欧几里得几何学的相容性可以通过化为算术问题来解决.我们知道平面上的一个点可用一个实数对 (x,y) 来表示;一条直线

---

① 这恐怕也是想当然的说法,希尔伯特本人也未必是这样做的.证据是,他在写书过程中曾漏了不少必需的公理,是在后来各版中才补上去的.该书俄译本序言中(我们所引用的中文版本中有)说得很清楚.如果希尔伯特从一开始就完全按数理逻辑那样去写书,大概就不会出现这样的情况了.看来,希尔伯特想做到的对空间直观作"逻辑的分析"的过程却不甚"逻辑".总之,希尔伯特也是人,而不是一部逻辑机器,何况他是一个极富于物理直观的人.

$ax+by+c=0$ 可以用其系数比 $(a:b:c)$ 来表示. 这样我们就为欧几里得几何找到了一个算术模型,可以证明公理 I～V 在此模型中为真. 例如 I_1[过两点 (x_1,y_1) 和 (x_2,y_2) 可以做一直线]为真,因为我们确实可以把这直线写出来:

$$\frac{x-x_2}{x_1-x_2}=\frac{y-y_2}{y_1-y_2}$$

(当然在 $x_1=x_2$ 或 $y_1=y_2$ 时要改一下). 其余公理亦如此. 总之,欧几里得几何成了算术的一部分(笛卡儿说是代数,但其实只是算术,因为我们只用到实数的算术运算). 如果算术是相容的,则欧几里得几何也是相容的.

算术的相容性有什么问题呢? 关于算术的公理化(准确些说是整数的公理化)从 19 世纪末就已开始了,皮阿诺(Giuseppe Peano,1858—1932)在《算术原理新方法》(*Arithmetices Principia. Nova Methodo Exposita*,1889)中给出了著名的关于自然数的公理系. 其实,希尔伯特研究几何基础还是深受皮阿诺的影响的. 人类几千年来都和自然数打交道,从没有发现有矛盾. 但是算术是否确无矛盾是很严重的问题. 我们至今只解决了相对的相容性问题——把几何的相容性归结为算术的相容性. 是否有可能证明绝对的相容性呢? 20 世纪科学史上的一件大事就是:哥德尔发现了要证明绝对的相容性是不可能的.

另一个问题是一个公理系统中各个公理的独立性问题. 即一个公理可否由其他公理导出的问题. 表面上看来,似乎这只是一种"思维经济"原则:人们总是力求用最少数量的公理. 但其实还有更深刻的意义. 如果一个公理不是独立于其他公理的,则我们决不可以用与之相反的反命题作为一个公理去代替它. 因为这样一来,新的公理系统势必失去相容性:既有反命题作为一个公理,又有可由其他公理导出的正命题(原公理),这就成为一个矛盾. 反过来,如果一个公理是独立于其他公理的,则可以用反命题去代替它作为公理而成为一个新公理系统. 几何学由欧几里得几何发展为非欧几里得几何,其实就是由研究平行公理的独立性而来. 两千年来,人们怀疑平行公理是不独立的,而力求用其他公理去证明它.两千年的失败,使人们越来越相信这个公理是独立于其他公理的,因此不妨用一个与之不同的公理去代替它.高斯、鲍耶依、罗巴契夫斯基采用了以下的公理:过直线 l 外一点 P 必可作无穷多条直线与 l 平行.这种几何学称为罗巴契夫斯基几何学(双曲几何学).但这只是非欧几何的一种.如果规定过 P 不可能作与 l 平行的直线,就会得到椭圆几何学.双曲几何学是相容的,而且正是利用欧几里得几何学的相容性来证明.但是对于椭圆几何,如果不取消公理Ⅰ～Ⅲ的某几条,则一定是不相容的.

关于公理系统还应考虑完全性问题.所谓完全性就是指,该形式系统中的一切命题或真或伪,都应该能在该系统中得到证明.如果一个命题及其反命题都不能由该系统中的公理导出,此命题就称为不可判定的.含有不可判定命题的系统是不完全的.如果确有不完全的形式系统,就出现了这样的情况:一个命题 A 或其反命题 $\neg A$ 必有一为真(排中律),但这两个命题都不能证明.因此,真和可证明是两回事,而且真理性弱于可证明性.这当然是一个极其深刻的问题:一方面我们已经把逻辑真与主观符合客观之谓真区分开来了,而另一方面,又把逻辑真与逻辑的可证明性分开来了.如果真是如此,我们说数学是追求真理的,说数学中的真理至少在逻辑上是确定的,还有什么意义呢? 不幸的是,哥德尔确实证明了这件事——不完全性定理:大体上说,任何一个相当丰富的形式系统都是不完全的,其中都有不可判定命题.那么有哪些命题是不可判定的呢? 结果更为惊人:该系统的(绝对)相容性就是不可判定的.这当然是人类认识宇宙也认识自己的历史上一件革命性的大事:几千年来一直被认为是牢不可破的基础终于崩坍了.那么人还会继续前进吗? 实际上,这不是不幸,而是大幸,人终于能在确确实实的基础上认识自己的局限性了.

二 数学反思呼唤着暴风雨

19世纪整个科学面临着新的问题:具体材料的日益积累要求对整个世界作总体的考察.它不可能是简单地复归到古代的朴素的辩证法,而要求在科学日益发展的基础上,认真总结其成果,这样来认识宇宙的真面目.首先在机械的自然观上打开缺口的是康德的星云学说.其后,由于热机的发展导致了热力学的出现,提出了能量守恒定律.它的伟大意义其实更在于它具体地提出了各种运动的统一性.机械能、热能、其后还有电能等无不是可以互相转化的.所谓守恒其实是指转化中的守恒.生物学登上了科学舞台的显著位置.资本主义为寻求市场、原料,为霸占殖民地而力图征服全球.在这个背景下,系统的科学探险大规模地进行.比较世界各地收集来的资料,越来越证明物种处于不断进化的过程中.1859年达尔文(Charles Robert Darwin,1809—1882)完成了进化论.细胞的发现说明千差万别的物种又有统一性.于是我们又回到希腊哲学伟大创立者的观点:整个宇宙是一个互相联系着的整体而且处于永恒的生成和灭亡的流动过程中.这个认识以唯心主义扭曲的形式表现在黑格尔的辩证法体系中.马克思、恩格斯的伟大功绩:在唯物主义基础上改造了黑格尔哲学,建立了辩证唯物主义体系,并且把它贯彻到人类历史领域,建立了历史唯物主义.这是人类思想史上的伟大飞跃.

数学在形成这个新世界观中的作用远远小于物理学和生物学,但是它并没有停步.首先它继续把牛顿时代的微积分用于各个领域,无论是声、光、电、热,微分方程都找到了自己的用武之地.这一方面我们不打算多讲,因为从根本的思想观点来说它们并没有超过 18 世纪.我们要集中讨论的是另一个方面.数学在进行反思.平行线公理虽然是几何学中一个引人疑惑之处,如果仅从实际应用的观点来看,也不一定值得大动干戈.但是,就从这一片小小的乌云中引来了一场疾风暴雨.非欧几何的出现引起了两个问题:第一是我们生活于其中的宇宙空间的本性是什么? 我们从没有怀疑过欧几里得几何和牛顿力学的时空观,如今难道不应该对它们进行批判性的探讨吗? 这个探索引出了相对论.第二是我们如此坚信不疑的数学的确定性和真理性难道真是毫无问题的吗? 数学研究的对象竟然包括了"虚幻的"非欧空间,又怎么能说它所得到的是关于宇宙的真理呢? 数学本身健全可靠的基础何在? 回答看来也是两方面的:数学研究的对象不能只限于我们直接所能经验到的数量关系与空间形式,而必须包括越来越多的"人类悟性的自由创造物".康托尔甚至说数学的本质就在于自由.这是一个伟大的进步.这是一方面.但是,"自由创造"决非"随意编造",而且数学的思维自然有其限制.数理逻辑发展起来了,对数学基础的研究开始了,出现了逻辑主义、直觉主义和形式主义三个学派.最终出现了哥德尔定理,十分明显地指出了形式的逻辑思维的界限何在.这是另一方面.非欧几何的出现、"人类悟性的自由创造物"成了数学研究的重要对象以及哥德尔定理的发现,都是人类思想发展中革命性的事件.概括起来,它是人类思想的大解放,这一次是从人类自己几千年形成的定见下的解放.人从自己定见的束缚下获得了更大的自由.

这是思维王国中的几场疾风暴雨.雨过天晴①,我们再重新认识宇宙也认识人类自己,又会得到什么呢? 这是第三章的内容.这一章中我们想以介绍非欧几何和数学基础的研究为主,讲一讲这一次大的思想解放.不过,因为这是在理性思维更深层次发生的变化,不是太容易了解,我们不得不适当介绍一些数学知识.

---

① 现在通用似乎是"天晴",我以为很不恰当.因为这里的"青"是指一种非常美丽的色彩,如"青花瓷""青出于蓝"的"青"都是这个意思,所以原来通用的"雨过天青"很富表现力.

2.1 绝对几何学与欧几里得几何

上一章中我们继牛顿之后立即跳到 19 世纪末,介绍欧几里得开始的公理化方法现代的形式与其中应该讨论的问题.读者可能会问,在这中间的两个世纪里,数学的发展怎样呢? 18—19 世纪当然是科学疾速发展的时代,按周光召同志的说法是第二次科学技术革命的时代,在这段时间里以物理科学的发展[例如能量守恒、热力学、马克斯威尔的电磁学说,我们把化学也归入广义的物理科学和生物科学的发展(达尔文的进化论、遗传学说、细胞学说等)]为主要内容,使得自然科学得以系统建立;科学和技术分离了,前者以认识自然为目标,后者则在科学的基础上以利用科学知识、驾驭大自然、创造生产力为目的.至于第三次科学技术革命则以 19 世纪末 20 世纪初一批现代的物理理论(相对论、量子物理)的出现为契机,我们至今还生活在这个过程中.数学在 18—19 世纪的进展当然是令人瞩目的,特别是物理科学的进展一步也离不开它.同时,随着研究的深入,分支越来越细,隔行如隔山,搞代数的不懂几何,搞几何的不懂概率论,到现代已经没有一个人能说自己是"数学家"了,人们议论的问题似乎成了:谁是最后一位"数学家",是不是外尔(Hermann Weyl,1885—1955)? 科学论文堆积如山,相当一大部分论文很少有人问津.这是不是言过其实? 但是从现象上看,数学越来越难懂了,再也不像牛顿时代,据说那时牛顿的著作甚至可以成为贵妇人梳妆台上的摆饰.似乎是,现在不再如过去一样能找到一项数学上的发现为这么多的人所理解,为数学以外的人所重视了.数学走到死胡同中去了吗? 它和人类文化发展的主流脱离了吗? 当然不是,它的发展更深化了,它如岩浆在地下奔突运行,时而成火山爆发,造成大的地震.在诸次"大地震"中,非欧几何的出现最突出.它带来的一系列"大地震"从根本上改变了人类对宇宙的看法,也改变了人类对自己的看法.

我们现在来讨论非欧几何的出现.上一章结尾时已说过,在希尔伯特公理系统中改变平行公理Ⅳ即可得到各种非欧几何.所以现在回到希尔伯特公理系统的讨论.首先要指出,欧几里得《几何原本》的五个公设均可以从这些公理得出. 事实上：

公设 1 "过任意两点可作一直线"即 I_1.

公设 2 "有限直线段可以任意延长."即说任给两线段 AB 与 CD 必可将 AB 沿 B 的方向延长,得一与 CD 相等(合同)的线段. 由 VI_1 必可在 AB 上 B 的方向上找到一点 E,使 $AE \equiv CD$,若 E 在 A、B 之间,则无须延长,若 B 在 A、E 之间,这就是 AB 可延长到与任意已给的 CD 合同的程度.

公设 3 "以任一点为中心,任意线段为半径可作一圆."在希尔伯特公理系统中这是一个定义.

公设 4 "所有直角都相等."在希尔伯特公理系中这是一个定理[①],但"相等"应改成"合同".

公设 5 陈述与希尔伯特的平行公理不一致,但它与第五公设的等价性是可以证明的.

由以上的讨论知,欧几里得几何的一切定理在希尔伯特公理系统下均成立. 但由于平行公理的特殊地位,我们要问,在希尔伯特公理系统中若除去公理Ⅳ,我们还能走多远? 可以得到哪些结果,不可能得到的(注意,一时证不出来的定理不一定是不可能得到的,这里指的是一定证不出来的定理)又是哪些? 这时可以得到的定理在欧几里得几何与下面将要介绍的罗巴契夫斯基几何(以下简称罗氏几何)中都是成立的. 在希尔伯特公理系统的Ⅰ、Ⅱ、Ⅲ、Ⅴ诸公理基础上建立的几何学称为绝对几何学. 我们讨论绝对几何学一方面是继续上一章 1.5 的精神:不是把许多公理混在一起,而是一一分离,看看它们各起什么作用. 另一方面则是想看一下,平行公理被否定后得到的新几何学大体有哪些特点. 上一章里已讲过由Ⅰ、Ⅱ、Ⅲ、Ⅴ可以得到什么,必须要用平行公理Ⅳ才能讨论的又是什么. 现在我们将围绕新几何学会有哪些特点继续介绍一些绝对几何学的定理.

首先是著名的内错角定理.

定理 1 若两直线 l、l' 与另一直线相交的内错角合同,则 l、l'

---

① 证明见《几何基础》一书,定理 21,19 页.

必平行.①

证 用反证法,如图 19 所示,设 l
与 l' 相交于 D,在 $B'A'$ 上取一点 E 使
$B'E \equiv BD$. 因 为 $\angle EB'B \equiv \angle DBB'$,
$BB' \equiv B'B$, $B'E \equiv BD$,故 $\triangle BB'E =$
$\triangle DBB'$,而 $\angle EBB' \equiv \angle DB'B$,又因
$\angle EB'B \equiv \angle DBB'$,而 $\angle DB'B$ 是

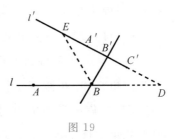

图 19

$\angle EB'B$ 的补角,所以 $\angle EBB'$ 是 $\angle DBB'$ 的补角,从而 DBE 是一直
线.这样,直线 DBE 与直线 $DB'E$ 交于两个不同点 D、E. 这是不
可能的.

大家很容易想到此定理的逆定理:平行直线的内错角必相等.
而且由于我们十分习惯于欧几里得几何,一定以为这是容易证明
的.否!逆定理等价于第五公设或平行公理Ⅳ,所以在绝对几何
中是不可能证明的.

内错角定理有两个重要的推论.

推论 1 同一直线的两条垂线必平行,如图 20 所示.

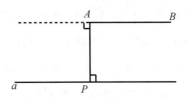

图 20

只要注意到图 20 中两个内错角均为直角即可,如图 20 所示.

推论 2 过直线 a 外一点 A 对 a 至少能作一条平行线.

由 A 作 a 的垂线 AP,又作 AP 的垂线 AB 即可.

所以绝对几何学并不否定直线外一点对该直线的平行线的存
在,而问题在于这种平行线是否是唯一的.事实上在绝对几何中
是不能证明其唯一性的.否则推论 2 成了公理Ⅳ,而公理Ⅳ不再独
立于其他公理.非欧几何的发现正是证明了公理Ⅳ是独立于其他
公理的.因此绝对几何容许两种可能性:或者只能作一条平行线,

---

① l 与 l' 平行的定义即任意延长也不相交.见《几何基础》24 页定义.

这就是欧几里得几何;或者可作一条以上的平行线,这就是罗氏几何.但内错角定理在椭圆几何学中一定不成立,因为在这种几何学中,过直线外一点对此直线不可能作平行线.

第一章 1.5 节讲到了重要的外角定理.问题在于外角是否等于两内角之和.在假定了公理 Ⅰ~Ⅲ、Ⅴ 时,若是,则等价于平行公理,若外角大于内角和则有罗氏几何.在椭圆几何,例如球面几何中外角定理不成立.如图 21 所示,设 DBC 是赤道,AB、AC 是过北极 A 的两条子午线,则外角 $\angle ABD$ 合同于(等于)内角 $\angle ACB$,即均为 $90°$.

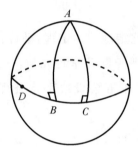

图 21

由外角定理可以得到许多重要的定理.下面略述几个.读者会疑惑这些几乎是明显的结论何必那么费力证明.但要注意,我们都是十分习惯于平行公理的,因此时常自觉或不自觉地用到它.重新加以证明后,读者就会理解,想要突破欧几里得几何的桎梏是何等的困难,才能理解,希尔伯特重新建立欧几里得几何的公理系统是多么的费力.

定理 2 (S. A. A.)若两个三角形有一边及两角均彼此对应地合同,则此两个三角形也合同.

证 如果承认三角形内角和为 $180°$,这个定理就毫不足道了.但下面会看到,承认这件事就是承认平行公理.因此本定理在绝对几何学里的证明就相当复杂了.

用反证法,如图 22 所示,设 $\triangle ABC$ 与 $\triangle DEF$ 中 $\angle B \equiv \angle E$,$\angle C \equiv \angle F$,$AB \equiv DE$,但此两个三角形不合同而 $\angle A > \angle D$(若 $\angle A \equiv \angle D$,则由 A. S. A. 已知此两个三角形合同).于是作 AG 使 $\angle BAG \equiv \angle D$.比较 $\triangle ABG$ 和 $\triangle DEF$,由 A. S. A. 知二者合同而

$\angle AGB \equiv \angle F$. 但由外角定理 $\angle AGB > \angle C(\angle F > \angle C)$，故而矛盾.

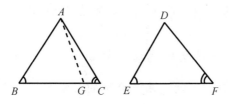

图 22

我们再进一步讨论三角形的内角和问题.

定理 3 三角形两内角之和小于 $180°$.

证 不要以为可以用三角形三内角之和为 $180°$ 这一结论来证. 因为它等价于平行公理.

如图 23 所示，设有 $\triangle ABC$. 令 $\angle B$ 的外角是 $\angle CBD$，由外角定理，$\angle CBD > \angle A$，故 $\angle CBD + \angle B(=180°) > \angle A + \angle B$.

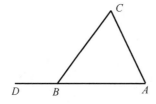

图 23

三角形三内角又如何？这里有著名的定理 4.

定理 4 （萨凯里-勒让德定理）三角形三内角之和必小于或等于 $180°$.

证 用反证法. 如图 24 所示，设 $\angle A + \angle B + \angle C = 180° + p > 180°(p > 0)$. 作中线 AD（作中线的可能性也是要证明的，见下文）并将它延长到 E 使 $AD \equiv DE$，不妨设 $\angle EAC \leqslant \frac{1}{2} \angle BAC$，于是 $\triangle ABD \equiv \triangle CDE$，而 $\angle B \equiv \angle DCE$，$\angle BAD \equiv \angle E$，因此 $\triangle ABC$ 之内角和等于 $\triangle ACE$ 之内角和. 这就是说，对任一三角形必可作出一个新三角形，其三内角和等于原三角形的内角和，而且有一角不大于原三角形某角的一半. 仿此可以作出一个三角形其内角和仍为 $180° + p$，但有一角 $\leqslant \frac{1}{2^n} \angle BAC$. 由实数系的阿基米德公理，

当 n 充分大时，可以使 $\frac{1}{2^n}\angle BAC < p$. 因此在此三角形中除去不大

于 $\frac{1}{2^n}\angle BAC$ 的这个角，其余两内角之和不大于 $180° + p -$

$\frac{1}{2^n}\angle BAC > 180°$（因为 $p - \frac{1}{2^n}\angle BAC > 0$）.

这里我们看到了阿基米德公理的重要性.

上述定理引进了一个十分重要的概念，即 $\triangle ABC$ 的亏值：$\delta(\triangle ABC) = 180° - (\angle A + \angle B + \angle C)$. 萨凯里-勒让德定理就是 $\delta(\triangle ABC) \geq 0$. 所以知道对椭圆几何此定理是一定不成立的. 看一下上面作的球面三角形（图 21），其三内角和大于 $180°$，从而 $\delta < 0$. 那么是不是 $\delta = 0$ 一定是欧几里得几何，$\delta > 0$ 一定是罗氏几何呢？是的，但不这么简单. 首先要证明亏值的可加性，即若将 $\triangle ABC$ 分为 $\triangle ABD$ 和 $\triangle ACD$（图 25），则有

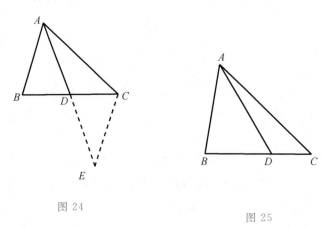

图 24

图 25

定理 5　（亏值的可加性）

$$\delta(\triangle ABC) = \delta(\triangle ABD) + \delta(\triangle ACD)$$

证　　$\delta(\triangle ABC) = 180° - (\angle BAC + \angle B + \angle C)$

$= 180° + [180° - (\angle ADB + \angle ADC)] -$

$[(\angle BAD + \angle CAD) + \angle B + \angle C]$

$= 180° - (\angle ADB + \angle BAD + \angle B) + 180° -$

$(\angle ADC + \angle CAD + \angle C)$

$= \delta(\triangle ABD) + \delta(\triangle ACD)$

在数学里有一个"习惯"：如果发现有两个东西具有相同性质就应

该问一下它们有什么关系. 我们知道面积是有可加性的, 那么面积和亏值有什么关系呢? 这里首先遇到的问题是什么是绝对几何学中的面积? 在欧几里得几何中首先是定义矩形的面积为底乘高, 而矩形是四个角均为直角的四边形, 其内角和为 $360°$, 这显然与三角形的内角和为 $180°$ 有关. 所以这并不是简单的问题. 我们有:

定理 6 若某一三角形内角和为 $180°$(亏值为 0), 则必有矩形存在; 反之, 若有矩形存在, 则一切三角形之亏值均为 0.

证 第一步先证明若某一三角形亏值为 0, 则必有一直角三角形之亏值为 0. 实际上, 设 $\delta(\triangle ABC)=0$, 则因三角形必至少有两内角为锐角, 设为 $\angle A$ 和 $\angle B$. 于是自 C 向 AB 作垂线 CD(D 为垂足), 由外角定理易见 D 在 A、B 之间 (图 26). 于是 $0 = \delta(\triangle ABC) = \delta(\triangle ACD)+\delta(\triangle BCD)$, 因为 $\delta \geqslant 0$, 故 $\delta(\triangle ACD)=\delta(\triangle BCD)=0$.

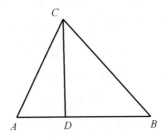

图 26

有了 $\triangle BCD$ 即可作出一个矩形, 如图 27 所示. 因为有合同公理 Ⅲ₄, 可以作射线 CX 使 $\angle DBC \equiv \angle BCX$, 因为 $\delta(\triangle BCD)=0$ 而 $\angle D = 90°$, 故 $\angle CBD+\angle BCD = \angle BCX+\angle BCD = 90°$. 在 CX 上取 E 使 $CE \equiv BD$. 由 S. A. S. , $\triangle BCD \equiv \triangle BCE$, 从而 $\angle BEC \equiv \angle D = 90°$. 又易证 $\angle EBC+\angle CBD = 90°$, 故 $BDCE$ 是矩形. 不但如此, 还可作出任意大的矩形. 事实上设已作出一个矩形 $DCEE'$, 则向左、向上重复若干次, 仍得一矩形 $ACBF$(图 28), 而且 $AC \equiv nCD$, $CB \equiv mCE$, 都由阿基米德公理可以任意大.

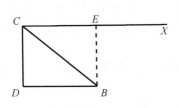

图 27　　　　　　　　　图 28

现证定理的后一部分,先证任一 Rt△CDE 之亏值为 0. 前已说过,可以作任意大的矩形 $ACBC'$,作对角线 AB 可得任意大的 Rt△ACB. 将△CDE 嵌于其中如图 29 所示. 用亏值的可加性即知 δ(△CDE)＝0.

最后仿照第一步可证任意三角形亏值为 0.

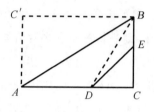

图 29

由此定理可得到一些重要的结论. 首先,读者会想,若三角形亏值为 0,则将得到欧几里得几何;亏值为正,则将得到罗氏几何. 这当然是对的. 但若某一些三角形亏值为 0,另一些三角形亏值为正又如何?这个定理指出这是不可能的. 若一三角形亏值为 0,则有矩形存在,从而一切三角形之亏值均为 0,这就是欧几里得几何;否则,若有一三角形亏值不为 0,则一切三角形亏值均不为 0,这就是罗氏几何.

我们要特别讨论一下面积问题. 实际上至今我们还没有讨论过度量问题,所以应该更一般的提出:在绝对几何中可否讨论度量?先讨论线段的长度. 什么是长度?它是相应于一线段 AB 的一个正数 l(记作 $|AB|$),它应有以下性质:

(1)可加性. 若有一点 E 介于 A、B 之间,则 $|AB|＝|AE|＋|BE|$.

(2)合同的线段有等长:若 $AB\equiv CD$,则 $|AB|＝|CD|$. 在任给一线段 AB 后,我们这样来定义它的长. 先决定一个线段 OI 并规定其长为单位,即定义 $|OI|＝1$. 然后由 A 向 B 依次取点 $A_1,A_2,\cdots$,使 AA_1,$A_1A_2,A_2A_3\cdots$ 均合同于 OI. 由阿基米德公理,必定有一个 n,使 A_n 仍在 A、B 之间(或与 B 合同)而 A_{n+1} 在 AB 之外. 若 A_n 与 B 合同,$|AB|＝n$;若 A_n 不与 B 合同,我们考虑 A_nB 将 OI 平分为两段(线段二等分的可能性是可以证明的),则由可加性知每一段之长为 $\frac{1}{2}$. 再用长为 $\frac{1}{2}$ 的线段与 A_nB 比较. 若 A_nB 不够 $\frac{1}{2}$,则用 $\frac{1}{4}$ 来比较. 若能在

A_nB 中放下一个长为 $\frac{1}{2}$ 的线段 A_nA_{n+1}，则 $|A_nB| = |A_nA_{n+1}| + |A_{n+1}B|$，$|A_nA_{n+1}| = \frac{1}{2}$，我们再来用长为 $\frac{1}{4}$ 的线段与 $A_{n+1}B$ 比较。这样下去即可定义 $|AB|$。因为我们不假设读者了解实数理论，所以只能作这样简短的说明。概括地说：在绝对几何学中可以定义长度。但长度是相对的。这里又可看到阿基米德公理之重要。

角度的情况不同。因为我们可以定义一条直线是以其上一点 O 为顶点的平角。绝对几何学中角也是可以平分的。我们定义 $\frac{1}{2}$ 平角为直角。这样也可以定义平角为 $180°$（怎样由二等分做到将一平角 $180°$ 等分，需要一些二进位制和极限理论的知识）。这样，在绝对几何学中可以定义一角的大小而且它是有绝对意义的。与具有相对性的长度不同，现在并不需要事先规定某一角大小为 $1°$。

至于面积则不同。如果有了矩形，可以定义其面积为底乘高；然后可以证明三角形面积为 $\frac{1}{2}$ 底×高（这里要用合同三角形面积相等）；利用面积的可加性可以定义任意多边形的面积；最后用极限理论可以定义任意图形的面积。其实这就是积分学的方法。可见，没有矩形就很难说如何定义面积；因而罗氏几何的面积理论是一个很难的问题。矩形还起一个人们不易想到的作用。全角之大小应为 $360°$（因为它是两个平角）。从而用四个矩形即可覆盖 A 点附近区域（图 30）。这样依次把矩形向外铺可知欧几里得平面可以越来越大而趋向 ∞。如果没有矩形还没有面积为 ∞ 的平面，罗氏平面面积是否不能超过一定界限？这当然是很深刻的问题。

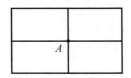

图 30

总之，没有平行公理是否还有面积理论，或者这将是一个什么样的理论，这是一个大问题。至于比例和相似形理论，大家知道，它紧密地依赖于平行线理论。所以，只有在欧几里得几何中才有比例与相似形的理论。

2.2 非欧几何的发现

从现在起我们可以集中注意于《几何原本》中的第五公设即希尔伯特的平行公理了.由希腊时代起,这就是一个引起争议的问题.看来即使欧几里得本人对它也有怀疑.它的陈述繁冗而且拖沓(其理由我们在第一章讲过),所以许多人试图从其他公理出发来证明它,即怀疑它并非独立于其他公理.最早的尝试者之一,《几何原本》的著名评注者普洛克拉斯(Proclus,410—485)曾说过:"这应该完全从公设中清除出去;因为它是一个有很多难处的定理,托勒密曾在一本书中打算证明它.说(两条线)越来越接近就一定会在某处相交,这说法是似然可信的,但并非一定如此."[①]并且他以双曲线趋近其渐近线为例.这至少表明第五公设的反命题也是可以想象的.他继续说:"由这里看得很清楚,必须去寻求这个真理的证明,它完全不具有公设的特殊性质."普洛克拉斯的证明大意如下:

如图 31 所示,设有两平行直线 l 与 m.过 m 上一点 P 作直线 n,过 P 作 l 的垂线,垂足为 Q,若 n 与 PQ 重合,则 n 必与 l 相交.若不然,在 n 之走向 m、l 之间的一侧(这时 n 与 l 对 PQ 之同旁内角和小于两直角)取一点 Y,并

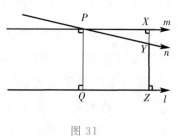

图 31

分别作 m 与 l 的垂线,垂足为 X、Z.令 Y 沿 n 方向无限远离 P,则 XY 将无限增加,但(1)X,Y,Z 必共线;(2)$XZ=PQ$,故 XY 最终大于 XZ 而 Y 走到 l 之另一侧.因此 n 与 l 必相交于同旁内角和小于两直角的一侧.这就是第五公设.

这个证明过多地依赖于几何图形.而实际上这个证明是不对的.因为,(1)、(2)两条在绝对几何学中都是不成立的,而只有假设了第五公设才能证明它们.所以,这个证明其实是循环论证.

上面我们只是举一个例子说明这些证明总是缺少依据.后来

① 转引自 M. J. Greenberg, *Euclidean and Non-Euclidean Geometries*, W. H. Freeman and Company, 1980, 119-120 页.

人们明白了应该有一个其他的公设来代替平行公设,而这个新公设应该是更加简单的.例如,瓦里斯(John Wallis,1616—1703,是牛顿之前著名的英国数学家;记号 ∞ 就是他首先使用的;他还证明过著名的公式 $\frac{\pi}{2}=\frac{2 \cdot 2 \cdot 4 \cdot 4 \cdot 6 \cdot 6 \cdot 8 \cdots}{1 \cdot 3 \cdot 3 \cdot 5 \cdot 5 \cdot 7 \cdot 7 \cdots}$)曾利用以下的相似形公设来代替第五公设:

相似形公设 任给 $\triangle ABC$ 及一线段 DE,必可以 DE 为一边作 $\triangle DEF$ 使与 $\triangle ABC$ 相似:$\triangle ABC \backsim \triangle DEF$.

直观地说,瓦里斯的相似形公设就是:三角形可以任意缩小或放大而不变形.

由相似形公设可以证明平行公理如下:

如图 32 所示,设在直线 l 外有一点 P,作 $PQ \perp l$,再过 P 作直线 m 使 $m \perp PQ$.由内错角定理(注意,这是一个绝对几何学定理,它的证明不需要平行公理,见本章 2.1 节,但其逆等价于平行公理)知 $m /\!/ l$.现在过 P 作另一射线 n,今证 n 与 l 一定相交,这就证明了平行公理.现对 $\triangle PSR$ 与线段 PQ 应用相似形公设,可知必有 $\triangle PQT \backsim \triangle PSR$.而 $\angle QPT = \angle SPR$,所以 PT 与 n 重合.同理 $\angle TQP = 90°$,而 QT 与 l 重合.因此 T 是 n 和 l 的公共点,证毕.

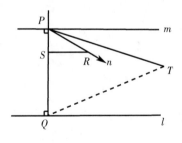

图 32

在上一节我们已经指出了相似形只有在平行公理成立时才有意义.从瓦里斯的证明中更明确地看出,相似形公设与平行公理确实是等价的.因此,在否定了平行公理的罗氏几何中,瓦里斯公设一定不成立.即在这种几何学中没有相似形概念:一个三角形不能任意放大或缩小.所以在那个世界里,不能照相、画地图……

下一个十分重要的研究者是意大利的耶稣会教士萨凯里(Girolamo Saccheri,1667—1733). 他曾写了一本《没有污点的欧几里得》(*Euclides ab Omni Naevo Vindicatus*,1733 年出版于米兰），以为自己最终证明了第五公设. 这是一本重要的著作，它实际上已经到达非欧几何但又停步不前，它是流产了的非欧几何学. 这部著作的重要性一直被忽视了，直到一个半世纪以后（1899 年），意大利几何学家贝尔特拉米（Eugenio Beltrami,1835—1900）才重新发现了它.

萨凯里在他的证明中用了一个四边形，如图 33 所示，其底角 $\angle A \equiv \angle C \equiv 90°$，两侧边 $AB \equiv CD$. 读者不要奇怪，为什么侧边画成弯曲的，以后会看到这不是偶然的. 这种四边形称为萨凯里四边形. 今证它的另外两角也相等：$\angle B = \angle D$. 为此联结 BC 与 AD，看 $\triangle ABC$ 与 $\triangle ACD$，其中 $AB \equiv CD$，$AC \equiv AC$，$\angle A \equiv \angle C$，故由三角形合同的定理 S. A. S. ，知 $\triangle ABC \equiv \triangle ACD$，从而 $BC \equiv AD$. 再看 $\triangle ABD$ 与 $\triangle BCD$，因为有公共边 $BD \equiv BD$，又 $AB \equiv CD$，$AD \equiv BC$，故由三角形合同定理 S. S. S. 知它们也是合同的. 所以 $\angle B \equiv \angle D$.

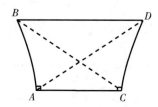

图 33

以上所用的公理与定理都是绝对几何学中的定理，所以结论在绝对几何学中成立. 问题在于 $\angle B$ 究竟是多大. 这里可以作三种假设：

(1) $\angle B \equiv \angle D$ 均为直角——直角假设；

(2) $\angle B \equiv \angle D$ 均为钝角——钝角假设；

(3) $\angle B \equiv \angle D$ 均为锐角——锐角假设.

在直角假设下，上述四边形是矩形. 因为矩形存在，故一切三角形之亏值均为 0，这就是平行公理成立，而我们得到欧几里得几何.

在钝角假设下可以证明有矛盾. 因为这时四边形四内角之和

大于 $360°$. 它分成的两个三角形 $\triangle ABC$、$\triangle BCD$ 之中至少有一个内角和大于 $180°$. 但在绝对几何学中已经证明了一切三角形之内角和不大于 $180°$, 故得矛盾.

余下的是锐角假设. 萨凯里下了很大的功夫想证明由此可得矛盾. 他得到了很多定理[①], 这些定理, 从习惯于欧几里得几何的人看来, 似乎都是不可思议的, 但是并没有什么矛盾, 因而是似非而是的. 最后, 萨凯里得到了以下的结论: 如图 34 所示, 设有直线 l 以及 l 外一点 P. 如果锐角假设成立, 则过 P 必可作出两条直线 QQ' 和 RR', 使得凡过 P 而位于 $\angle QPR$（或 $\angle Q'PR'$）内的直线, 均不与 l 相交, 而位于 $\angle RPQ'$（或 $\angle QPR'$）

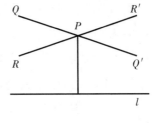

图 34

内的直线, 均与 l 相交. 如果我们仍把任意延长后也不会相交的直线都称为平行线, 则过 P 可以作无穷多条与 l 平行的直线; 这些平行线有两条界限, 即 RR' 与 QQ'.

至此, 萨凯里认为可以告一段落了. 他想要证明: 锐角假设绝对不真, 因为直线的本性厌恶它. 他又花了好多篇幅论证这一种 "厌恶", 归根结底是说: 如果锐角假设为真, 则 l 与 QQ'（或 RR'）将在无穷远处有公共垂线, "而这是违反直线的本性的". 但是, 萨凯里本人对这个 "证明" 也不满意, 所以他又重新以平行线就是处处距离相同的直线来论证他的结果. 我们当然可以看到, 这完全是徒劳的（见 2.3 节). 尽管如此, 萨凯里的工作具有特殊的重要性, 因为这是证明平行公理最系统的工作. 既然这样的努力都失败了, 人们自然会问: 可不可能, 平行公理是不可证明的? 否定它也不会引起矛盾? 如果确是这样, 可否用它的某种否定代替它? 这样做将会得到一种什么样的几何学? 今天我们知道, 这样做会得到各种非欧几何. 前述的结果其实就是罗巴契夫斯基的平行公理——以下称为双曲性公理, 它等价于锐角假设. 所以, 萨凯里实际上是达到了罗氏几何而不自知. 为什么呢? 因为他过分相信平

---

① 关于萨凯里的工作的介绍可以参看 R. Bonola, *Non-Euclidean Geometry*, 1906. 可以看 1955 年 Dover Publication lnc. 的版本第二章, 22-24 页. 这本书中有许多珍贵的历史资料.

行公理由于直观性而来的真实性.这其实并不能过分地责怪他.欧几里得几何将近两千年(到他的时代为止)得到了如此巨大的成就,自然造成一种极大的"惯性",要摆脱它,必须有极大的"动量",要有异乎寻常的洞察力与逻辑能力.这种洞察力与逻辑的力量并不完全取决于个人的天赋.即使如高斯(人称"数学的王子")要想摆脱它也是极其缓慢与痛苦的过程.下面我们引述的高斯的一些信件就充分表明这一点.这种洞察力和逻辑力量来自世世代代的人们——不只是数学家——辛勤探索的积累.这种探索精神就是人类文化最优秀的遗产的一部分.也许数学与文化的关系就在于此吧!正因为如此,不能把萨凯里看成简单的错误.上面我们比较详细地介绍他的工作,正是因为这些积极的成果乃是幸运的成功者的基石.也正是因此,我们再介绍一位瑞士数学家兰伯特[①](Johann Heinrich Lambert,1728—1777).

兰伯特写了一本书《平行线论》(*Theorie der Parallellinen*,1766,但在作者死后的1786年才出版).他考虑的基本图形也是一个四边形,但有三个角为直角.问题在于第四个角有多大.按照第四个角假设为直角、钝角、锐角,兰伯特也作出了直角、钝角、锐角三种假设.直角假设仍然给出欧几里得几何.钝角假设会给出矛盾,其证明如下:

如图 35 所示,作一线段 AB,再过 A、B 两点作其垂线 a、b,在 b 上依次取 B_1,B_2,…,B_n 诸点,并向 a 作垂线:B_1A_1,B_2A_2,…,B_nA_n(注意,按它们的作法,它们只垂直于 a,而不一定垂直于 b,否则即等于承认直角假设为真.例如看四边形 BAA_1B_1,由钝

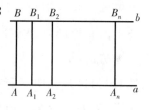

图 35

角假设 $\angle BB_1A_1 > \angle B_1BA(=90°)$,由萨凯里证明的一个定理 $AB > A_1B_1$,兰伯特证明了,$A_1B_1 > A_2B_2 > \cdots > A_nB_n$,而且可以使 $A_{i-1}B_{i-1} - A_iB_i > A_iB_i - A_{i+1}B_{i+1}$,由此有

$$AB - A_nB_n > n(AB - A_1B_1)$$

但是由阿基米德公理（在萨凯里的工作中也用到这个公理. 兰伯特和萨凯里都是在直线之长为无限的形式下使用这一公理的），上式右方随 n 之增大而无限增大，但不等式之左方恒小于 AB，从而右方不能无限增大. 这个矛盾证明了钝角假设不真.

在锐角假设下，兰伯特仍使用以上图形，并且发现 A_iB_i 随 i 递增，且 $A_{i+1}B_{i+1}-A_iB_i>A_iB_i-A_{i-1}B_{i-1}$. 但是这并不导致矛盾. 所以兰伯特只好继续推论下去，发现了在此假设下，三角形三内角之和小于 $180°$，即亏值为正. 萨凯里其实也得到了亏值的概念，但并没有由此作出什么结论. 兰伯特则证明了三角形的面积应正比于亏值.

兰伯特讨论了几何量的相对性与绝对性. 如前所述，线段之长是一个相对几何量，角度则是绝对几何量. 兰伯特则发现，对每一个线段都可以指定一个确定的角度，反之亦然，即二者有所谓一一对应关系. 例如，给定一个线段，在锐角假设下以此线段为边作一等边三角形，并计算它的亏值. 再经过一番数学处理，可以发现长度 l 是角度 α 的函数：$l=f(\alpha)$（在讲到罗氏几何时，我们将具体写出这个函数），因此，可以找到绝对的长度单位，例如以 $\alpha=45°$ 时对应的 $l=f(45°)$ 为绝对长度单位. 按照我们日常生活的直接经验，长度为绝对几何量是不可想象的，正如同两个相似三角形中没有办法说明一定要以哪一个为准. 否定绝对性的长度单位就等于否定锐角假设. 当然我们现在可以想象到这与相似形是否存在——这又与平行公理是否成立——有密切的关系.

但是兰伯特与萨凯里不同，他并没有认为这就是矛盾，而是继续向前，可是每一次他都遇到了同样困难的问题. 例如，他发现了，若钝角假设成立，所得的几何学与球面几何是极其相似的. 其实 2.1 节中所作的由一段赤道弧与两条子午线弧所成的球面三角形之三内角和即大于 $180°$. 至于锐角假设下的情况，兰伯特十分明确而且极有创见地指出："由此，我几乎可以断定，第三个假设（锐角假设）将对虚球面（半径为虚数的球面）成立." 兰伯特作出这样的断言，可能是考虑到球面几何的三角形面积公式是 $r^2(A+B+C-\pi)$（A,B,C 是三内角之值）. 若令 $r=\mathrm{i}\rho,\mathrm{i}^2=-1$，上

式就成为 $\rho^2(\pi-A-B-C)$，而这就是锐角假设下的三角形面积公式.大约一个世纪以后，贝尔特拉米发现了一个曲面——伪球（Pseudosphere），锐角假设在其上果然成立！兰伯特的思想真是富于独创性：他讲的是直线与平面，而想的却是大圆和球面！我们今天再打开非欧几何创始人的著作，就会发现大量的球面几何、球面三角公式的类似物.今天我们对这些公式都很生疏了，其繁难会使我们望而却步.当然我们今天处理这些问题的方法简洁多了，但这只是对专业的数学工作者而言的.所以，绝不要以为数学的创见只是灵感的产物，这里面不知凝聚了多少汗水！

总之，到了 19 世纪初，人们几乎都明白了第五公设是不可证明的.那时最大的数学中心是德国的哥廷根（Göttingen）大学.在那里几乎是公开宣布了这一点的：要么承认平行公理，要么换一个新的公理得出一个新的几何.非欧几何已经呼之欲出了.可是这一"呼"又等了好几十年.然后出现了公认的非欧几何的创始人：鲍耶依、罗巴契夫斯基和高斯.

先应该讲匈牙利人鲍耶依父子.父亲沃尔夫岗·鲍耶依（Wolfgang Bolyai，这是德文拼法，匈牙利文是鲍耶依·法尔卡什：Bolyai Farkas，1775—1856）也是数学家，而且也曾长时间徒劳地试图证明第五公设.他长时间生活在哥廷根，是高斯的好朋友.因此，他的几何研究是与高斯的研究密切相关的.从这里可以看到，平行公理的研究确是当时数学中的主流问题之一.儿子是约翰·鲍耶依（Johann Bolyai，这又是德文拼法，匈牙利文是鲍耶依·雅诺什：Bolyai Janos，1802—1860），他是一个数学神童.据说在13岁时曾代他的父亲去上数学课，学生们说儿子比父亲教得更好.13岁时他已经懂得微积分了，而父亲曾写信给高斯希望他收下儿子作为自己的学生，但不知为什么，高斯始终没有答复.雅诺什不但小提琴拉得极好，剑法也十分了得.他15岁当军官，一生中曾与人决斗13场，并且全胜而归.比之另一位死于第一次决斗的天才数学家伽罗瓦（Evariste Galois，1811—1832，死时年仅21岁），岂不令人感叹！当父亲得知儿子也在研究平行公理的证明时，写了

一封深情的信,大可表达当时数学家的心情.信中一段如下:①

> "你绝不可再试图沿这条道路去研究平行线了.我熟悉这条道路直至尽头.我曾走过这无尽的黑暗,它熄灭了我一生的光明与欢乐.我恳求你丢开关于平行线的科学吧.……我曾经想为了真理而牺牲自己,我曾经打算作一个殉道者以除去几何学中的毛病并将纯洁的几何学给予人类.我付出了极大的劳动,我的创造远远优于其他人,然而我一直没有完全满足.……当我看到没有一个人能达到黑暗的尽头时,我就回头了.我满怀痛苦地回头了,为自己也为人类而怜惜.我承认我不能期望使你离开自己的航线.我似曾到过这些地区,似曾驶过这无底的死海的每一块礁石,可是每一次都折桅裂帆而归,我曾连想也不想就以我的生命和欢乐来冒险,我的毁灭和失败就是这样来的."

可是,儿子似乎决心走另一条道路,这就是放弃平行公理而建立一种新几何学.1823年11月3日,他在给父亲的信中写道:②

> "现在我确定的计划就是,一旦当我完成并且整理好这些材料并且有了机会,就出版一本关于平行线的著作;现时我还不能看到怎样走完,但我所走的道路给出了肯定的证据,目的一定要达到,只要是可能达到的;我还没有完全得到它,但是我已经发现了这样奇异的东西,使我吃惊.如果再失去它们,真是永恒的厄运.亲爱的父亲,当您看见它时,您会理解的.现在我只能说,我从一无所有之中创造了一个新宇宙."

这是什么新宇宙?这就是对平行公理的一种否定:过直线 l 外一点 P 可以作无穷多条与 l 平行的直线.雅诺什当然想不到在不到一个世纪以后这个发现会如此深刻地改变了人类对宇宙的看

---

① 转引自 M. J. Greenberg, *Euclidean and Non-Euclidean Geometries*,127-129 页.
② 转引自 M. J. Greenberg, *Euclidean and Non-Euclidean Geometries*,127-129 页.

法.英国物理学家汤姆逊(J. J. Thomson)开玩笑地说过:

> "我们有爱因斯坦空间、德西特(de Sitter)空间,扩张的宇宙,收缩的宇宙,脉动的宇宙,神奇的宇宙.说真的,纯粹数学家只要写下一个方程就可以创造一个宇宙,事实上,如果他是一个个人主义者,他可以有他自己的宇宙."

父亲收到儿子的信以后,马上就劝儿子立刻发表它.父亲在信中说:①

> "如果你确实成功地解决了这个问题,在我看来,有两方面的原因你最好快一点发表它.第一,新观念会很快地从一个人传到另一个人,而那个人会发表它;其次是因为,似乎确有这样的事,许多东西似乎都有一个时机,时机一到就在几个不同的地方被发现,好像春天的紫罗兰处处开放一样."

雅诺什把自己的著作以"空间的绝对科学"为标题作为一个附录发表在他父亲的书《为好学青年的数学原理论著》(*Tentamen Juventutem Studiosam in Elementa Matheseospurae*,1832)后,原文是拉丁文(附带说一下,绝对几何学一词也属于他).其实,他在1825年就已将这一著作寄给他以前的一位老师了.父亲连忙把此书寄给高斯——当时公认的最杰出的数学大师——希望得到支持和发表.所以当雅诺什读到高斯给他父亲的回信(1832年3月6日)时,这位暴躁的青年人是什么心情就不难想到了:②

> "如果我一上来就宣布我不能称赞这个工作,您当然一时会大吃一惊,然而我别无他途;称赞他就等于称赞我自己,因为这个工作的全部内容,您的儿子采用的途径和得到的结果,几乎和我自己的沉思完全一样.这思想萦绕我心已有30到35年了(注:1832年高斯55岁).因此,

---

① 转引自 M. J. Greenberg, *Euclidean and Non-Euclidean Geometries*,127-129 页.
② 转引自 M. J. Greenberg, *Euclidean and Non-Euclidean Geometries*,127-129 页.

我极为惊奇.

　　"关于我自己的工作,迄今几乎全未发表,我原来的打算是,当我在世时不去发表它.绝大多数人没有理解我们的结果的洞察力,我只遇到很少几个人对于我告诉他们的东西多少有点兴趣.要理解这些东西,首先必须清晰地觉察到需要做些什么事,而正是在这一点上大多数人是模糊不清的.此外,我原来计划把这一切最终写出来,以免它们和我一同消亡.

　　"所以我大为吃惊,因为我已不必再费这番功夫了,我尤其高兴的是,以如此卓越的方式超过了我的,是我老朋友的孩子."

雅诺什对此一直耿耿于怀.但确有证据表明,高斯早在 15 岁时就着手研究非欧几何了.高斯思想的发展大约可分两个阶段.第一阶段里高斯还打算证明平行公理.1799 年 12 月 17 日高斯给父亲鲍耶依的信中说:[①]

　　"至于我,在工作中已取得一些进展.然而我选择的道路并不引导我达到所寻的目的,而您则说您已达到了.它宁可是迫使我怀疑几何学本身是否为真理.

　　确实我已得到许多绝大多数人认为是证明了的东西;但是在我看来,它们完全不是.举例来说,如果能作一个面积大于任意已知面积的三角形,我就能完全严格地证明整个几何学.

　　绝大多数人肯定会以此作为一个公理.但是我呢?不!不管三角形的三个顶点相离多远,其面积确实可能会小于某个界限."

但到 1813 年后,高斯开始认识到可以否定平行公理而建立一种几何学,他先称之为反欧几里得几何,以后又称为星空几何,最后才用非欧几何这个词.1817 年,高斯写信给奥尔伯斯(Heinrich

---

①　见前引 R. Bonola 的书 65 页.

W. M. Olbers,1758—1840)说:[1]

    "我越来越相信,我们的(欧几里得的)几何学的必然性是不能证明的,至少是人类理智无法证明,也不能靠人类理智去证明它.说不定在另一个生命里我们可以洞察空间的本性,但是现在还做不到."

1824 年他又在给陶林努斯(Franz Adolf Taurinus,1794—1874)的信中更详细地讲到他对非欧几何的发现:[2]

    "关于您的打算,我没有什么话(或者没有很多的话)可说,只能说它是不完全的.实在的,您关于平面三角形内角和不大于 180°的证明稍欠严格.但是很容易弥补,无疑可以最严格地证明这种不可能性.但是在第二部分,即内角和不小于 180°,情况就不一样了;这是关键之处,所有的沉船都是由于这块礁石.我想,您从事这个问题的时间还不长,我则已经想过它 30 多年了.关于这个第二部分,我不相信有谁比我想得更多,然而我没有发表过这方面的任何东西.

    假使三角形的内角和小于 180°会得到一种奇异的几何,和我们的(欧几里得)几何大不相同,然而又是彻底相容的.我已经把它发展到自己完全满意的程度,我可以解决其中一切问题,但有一个常数无法确定,而它是不能先验地决定的.这个常数取得越大就越接近于欧几里得几何,取它为无穷大时,两种几何就相同了.这种几何的定理都似非实是,在无经验者看来是荒唐的,而冷静地细想一下,又确无不可能之处.例如三角形的边长取得足够大时,三个角可以任意小;然而不论边长取得多么长,三角形的面积都不会超过一个确定的界限,也不会达到它.

    我力图在这种非欧几何中找出一个矛盾,一个不相容之处,而终于无成;其中有一个与我们的直觉相反的

[1]　见前引 M. J. Greenberg 的书 142-144 页.
[2]　见前引 M. J. Greenbers 的书 142-144 页.

事:若这几何为真,则当有一个自己特定的尺度(但我们不知道).在我看来,尽管形而上学家有光说空话的智慧,我们对空间的本性了解还太少,甚至一无所知.所以一见到不自然的事就认为是不可能的事.而当我们在地上或天上测量时,很可能会遇到可与此尺度相比较的量,所以这些常数可以后验地确定.这样,有时我开玩笑地希望欧几里得几何不真,这样我们就有一个先验的绝对测量标准了.

我并不害怕任何一个具有爱思考的数学头脑的人会误解上面所说的一切,但无论如何此信请看作私信切勿公开,切勿以任意形式发表.说不定若假以闲暇,我自己会发表它."

高斯讲到的三角形内角和与面积的关系、面积的界限、那个常数以及长度的绝对单位,下面都会讲到.他不肯发表自己的结果,除了因为他对自己极为苛求而不愿发表任何自己认为不够完美的东西,更重要的是他对"形而上学家"的顾虑,即指当时在思想界占了统治地位的康德学派.高斯还说过,他害怕"比奥西亚(Boetia)人(古希腊雅典以东地区的人,雅典人认为他们愚蠢、矫饰而无真知,所以看不起他们.这里则指康德派的门徒)的喧嚣",而他又"极为厌恶被卷进任何玄学争论".

第一个系统发表这种非欧几何的是俄罗斯人罗巴契夫斯基(Николай Иванович Лобачевский,1792—1856).他生于下诺伏哥罗德城,即今高尔基城,14 岁就读于喀山大学,师事巴特尔(Johann Martin Bartel,1769—1836).此人又是高斯的朋友,且时有过从.1811 年,罗巴契夫斯基读了高斯所著《算术研究》(*Disquisitiones Arithmeticae*)和拉普拉斯的《天体力学》.1814 年,他在喀山大学谋得教职,教学之需使他注意到平行公理.1816 年沙皇亚历山大一世因为喀山大学成了进步政治活动的中心而任命了一个顽固的校长马格尼茨基.罗巴契夫斯基于 1821 年继巴特尔任教授,对马格尼茨基极为不满.后来,他逐渐成了大学的中心人物也成了监视的对象.因此,当他把所著《几何学》一书交付出版时受到政府的严厉批评,特别是批评他采用公制,而公制是"法国大革命的产物".1826 年 2 月 23 日,他发表了著名论文《几何原理的简明叙述及平行定理的严格证明》,审查者当然完全不能理解它而一致加以否定.他只好在 1829 年将该文作为《几何原理》一书的附录而发表,又遭到圣彼得堡科学院的不公正批评.他并未因此泄气而写了《新几何原理以及关于平行线的完全理论》,并缩写成一本小册子在德国发表于 1840 年,同样又遭到德国数学界的批评.1827—1846 年,他任喀山大学校长,后来竟被免职.晚年疾病缠身终至失明,到 1855 年他为大学 50 周年而撰写《泛几何学》时,只能口授了.

现在我们来看一下罗巴契夫斯基 1840 年在柏林用德文出版的小册子《平行线理论的几何研究》(*Geometriche Untersuchungen zur Theorie der Parallellinien*).这是流传较广的著作,有羽埃尔(J. Hoüel)于 1866 年的法文译本,1891 年有哈尔斯泰德(G. B. Halsted)的英译本,可见于 R. Bonola 的《非欧几何学》一书的附录,其英译序言中还有以下一些大数学家的评论.[1]

高斯:"作者以大师的手笔和真正几何学家的精神讨论了这个问题.我想我应提醒您注意此书,略一浏览必会给您以最生动的快感."(1846 年 11 月 28 日致舒马赫(H. K. Schumacher,1780—1850)的信.)

克里福德(W. K. Clifford,1845—1879,他是一位了不起的数学家,34 岁死于肺结核,一生只工作了 15 年,可是他的影响却一天天明显了):"罗巴契夫斯基之于欧几里得,正如维萨留斯(Andreas Vesalius,1514—1564,比利时解剖学家,近代解剖学的奠基人)之于盖伦(Galen,130—200? 希腊医学家和解剖学家),哥白尼之于托勒密."

西尔维斯特(James Joseph Sylvester,1814—1897):"四元数是代数摆脱了乘法交换律羁绊的例子,这是一种解放,好像罗巴契夫斯基使几何学从欧几里得经验公理下解放出来一样."

---

[1] 此书有中译本,齐汝璜译,罗巴曲斯奇著《平行线论》,1928 年商务印书馆出版.

很值得注意的是,19 世纪中叶的数
学家都谈到"解放",这是为什么? 我们下
面再来讨论它. 现在回到罗氏几何——或
者称为双曲几何. 在上述的小书中罗巴契
夫斯基先讨论了一些绝对几何学定理. 然
后考虑一直线 BC 及其外一点 A 以及过

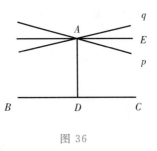

图 36

A 的直线束. 作 $AD \perp BC$, $AE \perp AD$, 如图 36 所示. 在欧几里得几
何中,只有 AE 不与 BC 相交. 可是罗巴契夫斯基认为有许多直线
均不与 BC 相交,它们组成以 p、q 为边的角. p、q 是过 A 而且不交
BC 的直线的界限,它们自己也不与 BC 相交. 罗巴契夫斯基只称
p、q 为 BC 过 A 的平行线,而我们则称一切过 A 而不与 BC 相交的
直线都是平行线. 我们又称 p 与 AD 的交角为相应于 AD 的平行
角(q 也与 AD 交于同角),记作 $\pi(AD)$. 在欧几里得几何中,
$\pi(AD) \equiv 90°$,现在则当 A 趋向 D 时 $\pi(AD) \rightarrow 90°$,A 趋向无穷时
趋向 0. 罗巴契夫斯基发展了一整套三角学,具体地算出了
$\pi(AD)$,找到了长度的绝对单位. 这些我们以后再讲.

罗巴契夫斯基提出他的几何学是有物理学—天文学上的考虑
的. 如图 37 所示,设 R 是天狼星(Sirius),P、Q 是地球在轨道上相
距半年时的位置,$\angle PRQ = p$ 称为天狼星的视差. 在天文学中是通
过视差来决定恒星到地球的距离 $RP \approx RT$ 的. 故 $\angle SPR = p/2$,这
是欧几里得几何. 按我们习惯了的几何,当恒星无限远去时,$p \rightarrow$
0. 但是谁知道在宇宙深处会发生什么事呢(回忆一下上一章讲到
欧几里得的第五公设时曾看到,他力图避免无限,是不是也想到
了这一点呢?)很可能 $p/2$ 有一个正的下界 α(图中的 $\angle SPW$),于
是过 P 且位于 $\angle SPW$ 中的一切直线均与 RT 不相交,因而可以称
为 RT 的平行线,于是过 P 点可以作 RT 的无穷多条平行线. 罗巴
契夫斯基因此认为他的新的几何学会在天文学中得到证实. 他下
一步详尽地发展了这种几何学与三角学,并且找到了长度的绝对
单位. 可是罗巴契夫斯基指出,这是一个极大的天文距离,因而这
种几何的效应只有在极辽远的宇宙深处才会表现出来. 以上的论

述来自罗巴契夫斯基《新几何原理以及关于平行线的完全理论》一书.①

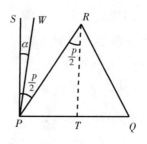

图 37

现在要提出一个很有意义的问题：为什么萨凯里尽管发现了许多非欧几何的定理却终于停步不前？原因在于他对欧几里得几何的"信仰"与"忠诚"，使他不能走向新的境界.为什么后来鲍耶依、高斯、罗巴契夫斯基几乎同时发现了非欧几何？除了因为他们都与当时最重要的数学中心哥廷根大学有直接或间接的联系，而平行公理问题又是那时人们注意的焦点之一以外，确实是因为，春天到了，紫罗兰到处含苞待放.两千年的思考与探索，已经使非欧几何呼之欲出，重要的是思想的解放，跨过思想的障碍，这就是克服康德的空间观.而这是非常艰难的，所以即使高斯这样的科学巨人也踌躇不前.

伟大的学者的命运都有两重性.一方面他建立了丰功伟绩，把科学文化推向前进.另一方面，他太高大了.所以像牛顿所说的，"站在巨人肩上"，这也绝不是常人所敢企及的事.所以，他们又时常成为偶像，或如培根所说的"幻象".亚里士多德是如此，康德也是如此，牛顿何尝又不如此呢？

康德（Immanuel Kant，1724—1804）是德国古典哲学的创始人.不说他是最重要的哲学家，他的博大精深的批判哲学体系使他至少可以列为其中之一.我们不在这里讨论他的哲学，因为那实在是班门弄斧，贻笑大方了.但是康德确实关心何以欧几里得

---

① 视差概念以及用视差来测定天体的距离，这个想法早在古希腊时代就有了.但是星体的视差大小，在当时无法测量，所以到 1838 年才在历史上第一次由贝塞尔成功地用视差测定了天鹅座 61（Gygni 61）距地球的距离.罗巴契夫斯基提出用视差来测量天狼星以便用实验来证明：在我们的现实空间里新的几何学是正确的.这只是一个想法，而没有实现.高斯用三个小山头做的实验也没有成功.

的几何学和牛顿的物理学有如此普遍而且几乎是无可怀疑的真理性. 他在《任意未来形而上学绪论》(*Prolegomena to Any Future Metaphysics*, 1783) 一书中说:"余等可以信然断言,某些先验综合知识、纯数学与纯物理为真实且已给定的,因二者均含有被彻底承认为绝对肯定之命题……但均与经验无关." 什么是先验综合知识或如康德常说的"先验综合判断"呢? 先验自然是指先于经验的"非如此不可的". 柏拉图认为数学知识来自对理念世界的"追忆",笛卡儿认为来自"良知",这些都是先验论. 康德的论据则认为,例如三角形内角和为 $180°$ 不可能是经验真理,因为前面已说过,经验的积累只能使我们达到"大多数三角形内角和十分接近于 $180°$"这样的认识. 而且,经验真理必随经验之积累或被否定,或被修正,或者越来越可信,越具盖然性 (plausibility),数学真理当然不如此. 三角形内角和为 $180°$,从人们发现它以来难道不是放之四海而皆准且万古不变的? 所以,几何知识是先验的. 什么是分析或综合知识呢?"分析"命题即谓语是主语一部分的命题. 例如"白马亦马",谓语中的"马"是主语"白马"的内涵的一部分. 因此,若否定它将陷于逻辑的矛盾. 凡非分析命题者即为综合命题. 凡通过经验才能认识的命题都是综合命题,例如"十月革命发生于 1917 年"只能通过经验才能得知. 但康德和他以前的哲学家不同,认为经验知识以外亦有综合知识. 几何学即先验的综合知识. 可是这怎么可能呢? 为了解决这个问题,康德花了整整 12 年,写出他的最重要的哲学著作《纯粹理性批判》(*Critique of pure Reason*, 1781),而且他自比为哲学中的哥白尼式的革命. 康德承认存在有感觉之外的物,他称为"物自体",这是引起感觉的原因. 它在我们知觉中的呈现,康德称为"现象". 但物自体是不可认识的,它也不存在于空间或时间之中. 现象由两部分组成,即由外界的物引起的感觉,与我们的主观的一种认识的装置或框架,称为感觉的"形式". 这一部分是先验的. 感觉的纯粹形式有二,即空间与时间. 康德不承认有现实的空间与时间. 所以,康德一方面以论证牛顿力学的普遍真理性为己任,另一方面又抛弃了牛顿关于绝对时空的实在性(绝对性问题将在第三章中讲到). 为什么呢? 康德指出,如果承认时空的实在性,将陷入不可解决的矛盾——康德称之为"二律背反"(antimony)——有四种二律背反,各由正题与反题组成.第一个二律背反是关于时间、空间的,其正题是:世界在时间上是有开始的,在空间上是有界限的;其反题是:世界在时间上是没有开始的,在空间上是没有界限的.康德解决这种二律背反的方法即认为时间空间是先验的"直观",我们用这种感觉形式去整理杂乱无章的感觉,就有了关于空间的科学几何学.就好比我们戴了蓝色眼镜去看世界,一切都成了蓝色的一样.康德证明空间的先验性的论点其实来自欧几里得几何,康德想说明这种几何的普遍真理性的根源,就赋之以先验综合判断的性质,把它说成是人生而具有的认识框架,感知的方式,若不用这种几何学就不能感知世界.所以,欧几里得几何是综合的,又是先验和必然的.

康德的理论影响极为深远.黑格尔的辩证法正是通过二律背反而来的.如按康德的理论,就不可能有非欧几何,这是注定了的.康德学说是几何学这条大船航道前的一座冰山.我们前面讲的还只不过是冰山的尖.读者会问,如上所述,康德理论不是很容易"批判"的吗?如果造成这样的印象,作者愿意告罪,并且希望,凡打算批判康德者先去读读原著,如果不害怕那些艰深晦涩的文章,就证明他已经有了好的开始了.克服康德,这只有一个时代的人类的探索和实践才办得到.过分简单化的通俗作品通常带来的最大的害处之一就是使一些血气方刚的青年人自以为不必下苦功夫就可以达到光辉的顶点了.不过也不必泄气,顶点总是可以达到的,只是要下苦功夫罢了.

作者不知道高斯有些什么样的哲学思想.但是在他有关几何学的著作中使人感到,他是十分关心物理学、天文学、测量学的.许多人可能不知道,高斯在哥廷根大学的职务并不是数学教授而是天文台长.他又是电报的发明者(不知不觉地发明了);他和合作者威伯(Wilhelm Weber,1804—1891)在研究磁学时历史上第一次作出了一个粗糙的电报机.他们二人做实验的地方相隔颇远,一天晚上,管家为他们送夜宵时,高斯发出了也许是人类历史上第一个电报:"管家已经来了."当时没有莫尔斯电码,高斯和威伯还设计了一套电码:用磁针向左、右偏转作为 0,1,这样设计了人类历史上第一个二进制讯号系统.高斯作大地测量的基点和过该点的子午线至今仍在哥廷根大学天文台一间教室的地板下面,不但供人参观,而且还在使用,例如:利用卫星和激光测距来验证板块学说.①高斯所用的望远镜和这个电报机都供人参观,令人产生一个想法:何以当时用这样简单的仪器会作出如此重大的贡献,而今天……高斯为了验证我们的空间究竟是否欧氏空间,曾用三个小山头(Brocken,Hohehagen 和 Inselsberg)作三角形顶点测得此三角形内角和为 $180°6'55''$,但由于实验容许的误差大于 $14.85''$,所以他什么也没有说明.从高斯的整个学术活动来看,他的学术思想与康德的思想是大相径庭的.至于罗巴契夫斯基,我们不妨从他的《新几何原理》(1825)中引一段话:"自欧几里得以来两千年的时间间隔中,(证明平行公理)全然没有结果,这使我怀疑,所想证明的事的真理并不含于事物的自身之内,要想证明它,需借助于实验,例如天文观测,和证明其他的自然规律一样."我们前面又引了他关于天狼星的讨论.这些都说明他的空间观与康德是相反的.

非欧几何的出现结束了康德时空观的统治,也可以说,给康德哲学一个沉重的打击.这是人类思想又一次大的飞跃,它的意义在一个多世纪后的今天越来越明显.

2.3　罗巴契夫斯基几何内容的简单介绍

我们把采用了与平行公理相反的公理的几何学概称为非欧几何学.有不同的否定方法,所以有各种不同的非欧几何学.习惯上人们都把鲍耶依、高斯和罗巴契夫斯基创立的几何学称为非欧几何学是不准确的,应称为罗巴契夫斯基几何学(罗氏几何学),或用克莱因的名词称为双曲几何学.它与欧几里得几何学的区别在于它把平行公理代之以下面的公理而保留公理 I,II,III,V.

双曲性公理　(罗巴契夫斯基公理)存在某一直线 l 以及其外

---

① 这些材料来自 1988 年作者参观这个天文台时,一位退休的老台长亲口告诉我的.

一点 P 使得经过 P 至少可作两条不同的直线与 l 平行.

由此立即得到一个重要推论.

定理 1 存在一个三角形其内角和小于 $180°$.

证　令 l 与 P 是上述公理中提到的直线与点,过 P 作 $PQ \perp l$ 而 Q 为垂足.绝对几何学允许我们作这一垂线.再作 m 过 P 且与 PQ 垂直.由内错角定理(2.1 节定理 1,这是绝对几何学中的定理,所以现在可以使用)$m \mathbin{/\!/} l$,n 则是按公理应该存在的另一平行线.令 PX 是 n 上一段且介于 m、l 之间,l 上取一点 R 使与 X、Y 在 PQ 同侧(图 38),使得

$$\angle QRP < \angle XPY \tag{1}$$

(注意:证明还要费一点事,要用公理 V_1).PR 必定位于 $\angle QPX$ 之内,否则 PX 将位于 $\angle QPR$ 内而 PX 与 QR 相交(证明要用帕士定理),这与 $n \mathbin{/\!/} l$ 相矛盾.总之

$$\angle RPQ < \angle XPQ \tag{2}$$

由(1)、(2)相加有

$$\angle PQR + \angle QRP + \angle RPQ <$$
$$90° + \angle XPY + \angle XPQ = 180°$$

即 $\triangle PQR$ 内角和小于 $180°$.

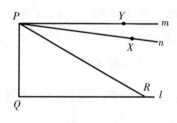

图 38

在绝对几何学中,我们已证明了(2.1 节定理 6)若有一个三角形的内角和为 $180°$,则有矩形存在,从而一切三角形内角和均为 $180°$.现在既有一个三角形内角和小于 $180°$,则有

推论　一切三角形内角和均小于 $180°$.

现在回到公理,在那里并没有说:对任意直线 l 以及其外任意一点 P 都可以作至少两条不同的平行线,因为这是一条定理.

定理 2 对任意直线 l 以及其外任意一点 P 均可过 P 作至少

两条不同的直线平行 l.

证 和上面的定理一样,如图 39 所示,先作 $m \perp PQ$,从而 $m \parallel l$. 在 l 上另取一点 R 并过 R 作 $t \perp l$,再由 P 作 $PS \perp t$,于是因为 PS 与 l 均垂直于 t,故二者平行:$PS \parallel l$. 但 PS 不能与 m 重合,否则 $PQRS$ 成为一个矩形,而由绝对几何的定理(2.1 节定理 6),一切三角形内角和均为 $180°$,这与定理 1 矛盾.

有人以定理 2 作为公理,不妨称之为普遍双曲性公理.

在上一节中讲到瓦里斯利用相似性公设来证明平行公设. 所以在罗氏几何中不会有相似三角形的概念. 准确些说,我们有

定理 3 在罗氏几何中若两三角形之对应角合同,则三角形亦必合同.

证 设 $\triangle ABC \backsim \triangle A'B'C'$ 但不合同,于是任意两个相应边均不合同,否则由 A. S. A. (2.1 节定理 2)可知它们合同. 如图 40 所示,不妨设 $AB > A'B'$ 而取 B'' 使 $AB'' \equiv A'B'$,取 C'' 使 $AC'' \equiv A'C'$,必有 $AC > A'C'$. 否则因 $\triangle A'B'C' \equiv \triangle AB''C''$,(S. A. S.)而,$BC$ 与 $B''C''$ 之同位角相等,而由内错角定理 $BC \parallel B''C''$,若 C'' 在 AC 之外,$B''C''$ 必与 BC 相交而又与平行性矛盾. 这样 $\triangle AB''C''$ 位于 $\triangle ABC$ 之内,而得一四边形 $BCC''B''$,其四个内角和为 $360°$. 用一对角线将它分为两个三角形,则至少有一个不小于三角形内角和 $180°$,这又是矛盾. 证毕.

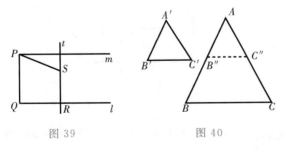

图 39　　　　　图 40

这是一个很重要的定理. 在罗氏几何中既没有相似形,则指定了角($<60°$),而作正三角形其边长应该是一定的. 因此指定一个特定的角即可得一特定的长,而我们可以用它作为长度的绝对单

位. 这一点下面还要讲到.

在欧几里得几何中, 我们时常把平行线看成是处处距离相等的直线. 许多人正想利用它来证明平行公理. 因为平行公理已知在罗氏几何中不成立, 上述概念在罗氏几何中当然也是不成立的. 事实上我们有

定理 4　设 l 与 l' 平行, $AA' \perp l'$, A 在 l 上, A' 在 l' 上. 于是在 l 上至多只能找到另一点 B, 使向 l' 作垂线 BB'(B' 为垂足) 时,

$$BB' \equiv AA'$$

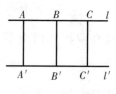

图 41

证　用反证法, 如图 41 所示, 设有两个不同点 B、C, 使 $CC' \perp l'$, 而且 $AA' \equiv BB' \equiv CC'$, 于是 $\square ABB'A'$, $\square ACC'A'$, $\square BCC'B'$ 都是萨凯里四边形. 但萨凯里四边形的顶角合同, 所以 $\angle BAA' \equiv \angle ABB'$, $\angle CAA' \equiv \angle ACC'$, $\angle CBB' \equiv \angle BCC'$, 由此

$$\angle CAA' + \angle ACC' \equiv \angle ABB' + \angle CBB' \equiv 180°$$

并且

$$\angle CAA' \equiv \angle ACC' \equiv 90°$$

这就是直角假设, 而在罗氏几何中这是不成立的.

这个定理告诉我们, 直线 l 上的点可以成对地分开, 如(A, B)、(C, D)、$\cdots$, 而且 $AA' \equiv BB'$、$CC' \equiv DD'$, 但它们互相绝不合同. AA'、BB' 等这些线段只垂直于 l' 而不一定垂直于 l, 所以我们不妨把 l 画成弯曲的(记住在前面讲到萨凯里四边形时(2.2 节),

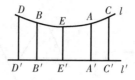

图 42

也把其侧边画成弯曲的, 而且也指出那不是偶然的. 其实问题在于直线为什么一定是"直"的? 直线的"直"是什么意思? 在第一章介绍希尔伯特《几何基础》时, 我们说过, 直线是没有定义的. 当然"直"也是没有定义的. 那一个公理系统是"抽象理论", 而允许

有不同的具体解释. 例如在椭圆几何中可以把"直线"解释为球面上的大圆. 下面我们会看到罗氏几何中的"直线"也允许解释为我们"肉眼所见为弯曲"的东西. 现在这样画是为了再提醒一下读者要习惯这一切). 在这个情况下 l 与 l' 有公共垂线 EE', 而且是 l 与 l' 之间的最短距离. 但是定理 4 既然是说至多有一点 B, 则也可能没有这样的点. 这时 l 与 l' 可能没有公共垂线与最短距离, 如图 43 那样的情况.

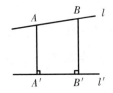

图 43

定理 5　设 l 与 l', 是罗氏几何中两条平行线, 而且 l 上有两点 A、B 与 l' 等距, 这时 l 与 l' 有公共垂线, 它是 l 与 l' 之间的最短距离.

证　我们仍用图 43 和它的记号. $\square A'B'BA$ 是一个萨凯里四边形. 令 E 与 E' 分别是 AB 与 $A'B'$ 之中点, 则由下述引理, EE' 是 l 与 l' 的公共垂线, 而且 $EE' \leqslant AA'$ 与 BB'. 对于 l 上任取一点 C, 作其对 E 的对称点 D, $DD' \perp l'$, 也可以证明 $EE' \leqslant CC'$ 与 DD'. 因此, EE' 是 l 与 l' 的最短距离.

还要注意, 公共垂线若存在必是唯一的. 否则, l、l' 以及两条公共垂线将构成一个矩形, 而在罗氏几何中, 是没有矩形的.

引理　连接萨凯里四边形上下底中点的连线是上下底的公共垂线, 而且其长小于侧边.

证　如图 44 所示, 先看 $\triangle AEA'$ 与 $\triangle BEB'$, 由萨凯里四边形的定义 $BB' \equiv AA'$, $\angle ABB' \equiv \angle BAA'$, 由于 E 是 AB 的中点, 故 $AE \equiv BE$. 总之 $\triangle AEA' \equiv \triangle BEB'$, 而有 $A'E \equiv B'E$. 再看 $\triangle A'EE'$ 与 $\triangle B'EE'$, 由 S. S. S. 亦知它们合同, 从而 $\angle EE'A' \equiv \angle EE'B$ 而均为直角. 同理 $\angle AEE' \equiv \angle BEE'$ 也是直角而 EE' 是公共垂线. $EE' < AA'$ 的证明要利用萨凯里四边形之顶角在罗氏几何中为锐

角,从而$\angle EAA' < \angle AEE'$. 详细证明可参看专书①,并不难,但有些复杂.

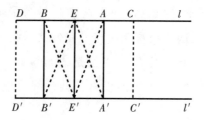

图 44

也可证明 EE' 小于任意的 $CC'(\perp l)$. 方法是作对称的 DD',再对证 $\square CC'D'D$ 是萨凯里四边形,即 $CC' \equiv DD'$,然后应用上面的定理.

此定理的逆定理也对,即有

定理 6 若 l 与 l' 有公共垂线 EE',则 $l /\!/ l'$ 且公垂线是唯一的,且若在 l 上取两点 A,B 使 E 是其中点,则 l 与 l' 在 A、B 两点等距.

证 仍用图 44. $l /\!/ l'$,可以用内错角定理证(2.1 节定理 1),这是绝对几何学的定理,所以这里可以用. 其他部分易证.

这样看来,平行线可分两类:第一类是有公共垂线的平行线,它的存在与作法都可以根据内错角定理;第二类是没有公共垂线的平行线. 由普遍双曲线公理(定理 2),过 P 对 l 至少可作两平行线,设其一 m 是有公共垂线的,另一个 n 是否一定没有公共垂线(或者在另一点处仍会有公共垂线)呢?这里需要分析一下过 P 指向 PQ 一侧的半射线束——从 m 上的射线 PS 到与 l 垂直的 PQ,如图 45 所示. 这些射线中有一些如 PT 是与 l 相交的(第一类),有一些如 PT 则是与 l 不相交的(第二类). 对这些射线应用连续性公理(也就是对这些射线与 QS 的交点应用戴德金分割理论),可以知道有一条极限的半射线 PX 称为左行极限平行线,与它对称的称为右行极限平行线,于是我们有

---

① 见 M. J. Greenberg, *Euclidean and Non-Euclidean Geometries*, 131 页.

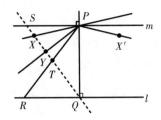

图 45

定理 7 PX 与 PX' 均不与 l 相交,过 P 之半射线当且仅当位于 $\angle XPX'$ 内时才能与 l 相交.

证 我们只来用反证法证明 PX 不与 l 相交,其余部分是容易证明的.如图 46 所示,设 PX 交 l 于 U,在 l 上取一点 V 使 U 在 V、Q 之间.于是射线 PV 属于第一类.但 PU 是第一、二类半射线的界限,故其上侧不会有第一类半射线.

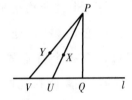

图 46

只有极限平行线与 l 没有公共垂线,而其他平行线则均与 l 有公共垂线.我们只稍微讲一下希尔伯特关于后一部分证明的大意.前一部分的证明请参看前引 Greenberg 的书 163-164 页的习题.如图 47 所示,在 l 上取两点 H、K 使之到 m 的距离相等:$HH' \equiv KK'$,再在 l 上任取两点 A、B 使其到 m 的垂线适合 $AA' > BB'$.在 AA' 上取一点 E 使 $A'E \equiv BB'$,而 EF 又是适合 $\angle A'EF \equiv \angle B'BG$ 的射线.可证 EF 必交 l 于一点 H.又取 l 上一点 K 使 $EH \equiv BK$,于是 $\square EHH'A' \equiv \square BKK'B'$,从而 $HH' \equiv KK'$,即 H、K 到 m 等距.由定理 5 即知 l 与 m 有公共垂线.

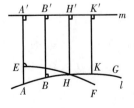

图 47

极限平行线常称为渐近平行线,而其他的则称为发散平行线.我们可以示意地把它们画出来,为什么画成这样的"曲"线,读者由上面几个定理可以看得很清楚.事实上可以证明当一点 Q(图48)沿渐近平行线无穷远去时,距离可以变得任意小.

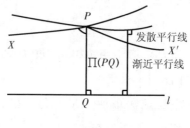

图 48

渐近平行线与公共垂线 PQ 之交角特别重要,它称为平行角,记作 $\Pi(PQ)$.这是线段 PQ 的单调函数.当 $P \to Q$ 时,它趋向 $90°$,而当 $P \to \infty$ 时,它趋向 $0°$.每一个锐角均是某一点 P 对某一 l 的平行角.而只要平行角相同,不论 P、l 在何处,由 P 向 l 作的垂线 PQ 均是合同的.因此,我们可以取一个特定的角例如 $45°$,并以其相应的 PQ 作为长度的绝对单位.高斯在他的信件中已讲到了这一点.$\Pi(PQ)$ 称为 PQ 的罗巴契夫斯基函数.罗巴契夫斯基和鲍耶依的重大贡献就是具体写出了这个函数:

定理 8 $\tan \dfrac{\alpha}{2} = e^{-d/k}$.

$\Pi(PQ)$ 是以角度表示的,α 则是以弧度表示的:$\alpha = (\pi/180) \cdot \Pi(PQ)$.$d$ 是 PQ 的欧氏距离,k 则是一常数.因为欧几里得几何的距离是相对量,当长度单位变化时 d 会改变一个常数因子,但角度 α 是绝对量;直角的弧度 $\pi/2$ 是不会改变的.因此 k 必须是相对量.若以地球轨道半长轴为单位(请回忆一下罗巴契夫斯基讨论天狼星视差的情况),$k > 6 \times 10^{14}$!长度的绝对单位大约是 10^{10} 光年,所以我们可以想到用实验来证实三角形内角和小于 $180°$ 会多么困难.和 10^{10} 光年相比,任何天文测量都是无穷小了,何况高斯的三个小山头呢?这里的 k 就是高斯想要确定而未成功的常数!写到这里,作者忍不住要重复绪言里的一句话:"用理性的手指去触摸天上的星辰."

到这里我们不能不接触度量问题.上面我们说 d 是欧氏距离,

读者已经可能会想：在罗氏几何中什么是距离？这是一个很重要的问题.距离以及下面要讲的面积都是几何图形的一种度量.度量应该是几何图形（记作△，不一定指三角形）的一个正值函数 $f(\triangle)$，对它应有两个基本要求：

（1）不变性：合同的图形有相同的度量.

（2）可加性：若 $\triangle = \triangle_1 + \triangle_2$，则 $f(\triangle) = f(\triangle_1) + f(\triangle_2)$.

对于线段 AB 的长度 $d(AB)$，我们应选另一线段 CD，然后在 AB 上作与之合同的 AA_1、A_1A_2，还剩下一小段 A_2B，如图 49 所示，于是

$$d(AB) = d(AA_2) + d(A_2B)$$
$$= d(AA_1) + d(A_1A_2) + d(A_2B)$$
$$= 2d(CD) + d(A_2B)$$

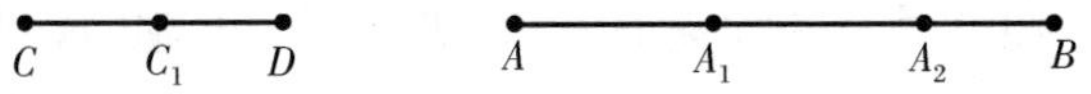

图 49

由阿基米德公理，只要有限步以后就一定会或者走到 B 点或者留下不到 CD 的一小段.再把 CD 平分（记住，在绝对几何中是可以平分任意线段的）为 CC_1、C_1D，则 $d(CD) = d(CC_1) + d(C_1D) = 2d(CC_1)$ 所以 $d(CC_1) = \dfrac{1}{2}d(CD)$.再用 CC_1 来量 A_2B，仿此以往，经过一个极限过程总可得到一个常数（记作 $|AB|$，并注意，按此作法 $|CD| = 1$）使 $d(AB) = |AB|d(CD)$.如果取 CD 之长为单位：$d(CD) = 1$，即得 $d(AB) = |AB|$.可以看到至此欧氏距离与罗氏距离没有区别.区别在于：在欧氏几何中可以用任意线段作为单位 CD；在罗氏几何中有一个长约 10^{10} 光年数量级的有限长线段作为绝对的长度单位.

面积则不同了.诚然面积（例如三角形的面积）也是一种度量，应该有不变性和可加性.但在欧氏几何中有矩形，作为哪怕是相对的基本图形或单位，而可知三角形面积为 $\dfrac{1}{2}$ 底×高.罗氏几何中根本没有矩形！但罗氏几何中三角形有亏值

$$\delta(\triangle ABC) = 180° - (\angle A + \angle B + \angle C)$$

（这里用角度制计算，也可以用弧度制），而亏值也有可加性和不变性．故若以 S 记面积，则可知 $S=\varphi(\delta)$，而且可以证明，这一类函数只能是线性函数

$$S = C\delta$$

问题在于如何确定 C. 这里我们有

定理 9　　$\triangle ABC$ 的罗氏面积 $=\dfrac{\pi}{180}k^2\delta(\triangle ABC)$.

高斯在 17 岁时就发现了这个关系，但是无法决定 C，决定 C 的是罗巴契夫斯基．这里可以得出一些结论．

推论　　三角形的罗氏面积必小于 πk^2.

由于在欧几里得几何中 $\delta(\triangle ABC)=0$，故若要上式成立，必须有 k 为 ∞. 因此欧几里得几何就是罗氏几何的极限情形．高斯说的三角形面积不会超过（而且达不到）一个常数，这里我们也看清了．

我们不来讲如何证明这些定理了．只提醒一点，罗巴契夫斯基和鲍耶依都做了十分详尽的三角运算，都把他们的几何学与球面三角学密切联系起来．看来，要在概念上突破什么绝不只是叫几声解放思想就行了的事．少不了过硬功夫．许多数学家都说数学是一门手艺，这是有道理的．读通俗数学书有一个极大的害处，即以为数学是不要下苦功夫，凭讲一下什么"基本思想"就可以学到手的．这是一个极大的误解．

2.4　数学——人类悟性的自由创造物？

怀特海在《科学与近代世界》一书（1925，中译本，译者何钦．收入商务印书馆汉译世界学术名著丛书，1989）中"作为思想史要素之一的数学"一章中说：[1]

> "19 世纪时，数学的一般影响减弱了．文学中的浪漫主义运动和哲学上的唯心主义运动都不是从数学家开始的．"

---

[1]　怀特海，《科学与近代世界》，商务印书馆，1989，32—33 页．

　　这当然与 17—18 世纪的理性主义思潮的影响形成了鲜明对比. 作者继续又说:[1]

　　　　"甚至在科学领域里的地质学、动物学和一般生物科学的发展都完全与数学无关. 这一世纪科学上最惊人的成就便是达尔文的进化论. 因此,按照这个世纪的一般的思想状况说来,数学远远地退居到后面去了. 这倒不是说数学被忽视了,甚至也不是说数学没有发生影响. 19 世纪纯数学的进步几乎等于从毕达哥拉斯以来所有各世纪的总和. 当然,由于技术日趋完善,进步是比较快的. 我们纵使是承认这一点,但数学从 1800 到 1900 年这一段时期中的变化仍然是惊人的. 如果我们把前一百年也数上,看一看现代以前两百年的情形,我们也许会认为数学是在 17 世纪的最后 25 年间奠定基础的. 发现基本要素的时期可以说是从毕达哥拉斯起一直到笛卡儿、牛顿和莱布尼茨这个时期,但发展成熟的科学则是在最近 250 年才出现的. 这并不是夸耀近代天才的高超,因为发现基本要素本来比发展科学要困难得多."

　　这一段话是很有见地的. 确实,数学在 19 世纪中不再如牛顿的《原理》那样处于核心地位,这是科学进步的表现. 但是这绝不是说数学不再作出自己的贡献,甚至也不是说,它只是作为其他科学的工具,或者说是婢女(很能干的婢女),而不再对人类总的思想起作用. 恰好相反,它的作用更深刻了,而其全部后果恐怕直到今天也还没有完全显现. 这一阶段数学中最大的变化是什么? 不妨说是数学的对象和方法的自觉的变化,数学的对象从人类的直接经验向"人类悟性的自由创造物"的转化.

　　非欧几何的出现是一个标志. 后来,每当人们在数学中提出了什么新的创造性的、与传统相反的理论或观念时,时常爱用非欧几何做比喻. 到了这个时期,人们才真正依靠自己的理性突破自己直接经验的束缚提出完全创新的理论和概念. 恩格斯在《反杜

[1]　怀特海,《科学与近代世界》,商务印书馆,1989,32–33 页.

林论》一书中,对数学知识的来源说过一段话:[1]

> "纯数学的对象是现实世界的空间形式和数量关系,所以是非常现实的材料.这些材料以极度抽象的形式出现,这只能在表面上掩盖它起源于外部世界的事实.但是,为了能够从纯粹的状态中研究这些形式和关系,必须使它们完全脱离自己的内容,把内容作为无关紧要的东西放在一边……只是在最后才得到悟性的自由创造物和想象物,即虚数."

对恩格斯这一段话应该从历史发展上来理解.数学最原始的来源当然是非常具体的东西.但正如恩格斯说的:"想要使它们脱离自己的内容","这种能力是长期的以经验为依据的历史发展的结果."古代人能从五只羊、五条鱼等抽象出"5"来,是一个了不起的成就.数学抽象的能力正是人类智力发展的重要方面之一,这也正是数学对人类文化的重大贡献.而这种能力是在长时期人类实践的历史中形成的,是人类的一大进步.这一点几乎没有什么人会反对了,但是数学抽象能力的发展在古代与现代是很不相同的.上述从 5 只羊、5 条鱼等抽象出"5"来,多少是不自觉的,因而这个过程是漫长的.直到不久以前,还可以找到这样的原始部落,那里的人还只能数到 3.而在现代,人们越来越自觉地应用这种抽象能力.非欧几何的出现既然表明了人类可以完全突破自己直接经验的束缚,而创造出人从来没有经验过的几何学,则在数学的其他部门又为什么不可以这样做呢? 人创造出种种数学研究的对象,唯一的约束就是它要能解决问题,要能提出新的前景、新的洞察力.我们已经用了很大篇幅来讨论几何学,其实代数学的发展是更好的例子.下面我们就以恩格斯说的虚数为例说明这种数学抽象能力的发展.其实非欧几何的出现只是这种发展达到成熟的一个标志,这个过程早就已经开始了.

最早用虚数——复数的大概是卡丹(Gerolamo Cardano,1501—1576),他在 1545 年的一本书上讲到三次方程的解法时偶然用到它.尽

---

① 见《马克思恩格斯选集》第三卷,人民出版社,1977,77 页.

管越来越多的人被迫应用它,但总认为它是无法理解的.所以到 1702 年莱布尼茨还说"虚数是圣灵的完美而奇妙的避难所,也差不多是介于存在和不存在之间的两栖类."①到 19 世纪人们才清楚地理解了它.这里,高斯的几何解释起了很大的作用.到今天,对于一个高中学生,复数也不是什么了不起的难点了.

但是,人们一直是步履蹒跚地接受复数的.人们一直想找一种几何图形,使复数变得更直观一些,更接近人的直接经验.真正认识到复数是一种人们不必追究其直观形象的对象,而把它作为一种代数结构来研究,从而作出了重大贡献的是哈密尔顿(W. R. Hamilton, 1805—1865),但是他也不能完全摆脱过去时代的阴影.他是爱尔兰数学家,也是物理学家.他也是数学史上少有的天才;5 岁时就懂得了拉丁语、希腊语、希伯来语;8 岁又通晓了德语、法语;到 13 岁时又学会了阿拉伯语、波斯语、梵语和其他 6 种东方语言.当他被公认为第一流数学家时,年仅 17 岁而已.他关于复数的想法如下:$a+bi$ 中的"+"号其实并非通常意义上的加法,因为不同性质的 a 和 bi 是不能像 2 和 3 那样加起来成为 5 的.因此 $a+bi$ 其实就是一对实数 a 和 b,不过次序有关不能把 b 放在 a 前.所以哈密尔顿认为复数就是一个有序的实数对 (a,b).复数运算的法则就成了实数对运算的法则:

$$(a,b)+(c,d)=(a+c,b+d)$$
$$(a,b)\cdot(c,d)=(ac-bd,ad+bc)$$

如果我们不提起

$$(a+bi)(c+di)=ac+bci+adi+bdi^2$$
$$=(ac-bd)+(ad+bc)i$$

则至少第二个公式对我们说来就是一种相当随意的规定了.但是,哈密尔顿首先是一个物理学家,他还是力求从物理出发来理解这些法则.在他看来,复数可以表示为平面向量(例如力那样的东西),而其加法规则就是力的合成的平行四边形法则.在这里我们看到哈密尔顿仍然不能完全摆脱物理学中所反映的人的直接经验.但是,他的伟大贡献是由此又提出了更新的代数结构.因为力学中的力不一定是平面向

① 转引自 F. Klein, *Elementar mathematik vom höheren Standpunkte aus*, Bd. I(舒湘芹等译,高观点下的初等数学,第一卷,湖北教育出版社,1989,63 页).这是一本名著,有大量的历史资料.

量,更可能是三维的向量. 如果用 a_1、a_2、a_3 表示三个"分力",则此向量也应该表示为实数的有序 n 元组 $(a_1, a_2, \cdots, a_n)$,或者引入 n 个"单位"$e_1, \cdots, e_n$ 而将它写成 $a_1e_1 + a_2e_2 + \cdots + a_ne_n$ 这种东西,哈密尔顿称之为超复数. 那么会不会有超复数? 它的运算规则应该是什么? 对于加减法——还有"乘以实数": $\lambda(a_1e_1 + a_2e_2 \cdots + a_ne_n) = \lambda a_1 e_1 + \lambda a_2 e_2 + \cdots + \lambda a_n e_n$ ——都很好办,问题在于乘除法. 例如乘法,如果我们模仿复数乘法(其实就是形式的应用分配律和 $i^2 = -1$)应该有

$$(a_1e_1 + \cdots + a_ne_n)(b_1e_1 + \cdots + b_ne_n) = \sum_{i,j=1}^{n} a_ib_je_ie_j$$

如果希望它仍是一个"超复数",就应该有一个"规则":

$$e_ie_j = \sum_{k=1}^{n} \omega_{ij}^k e_k \quad (i,j = 1,2,\cdots,n) \tag{1}$$

这其实是 n^2 个方程,称为"构造方程",而希望上面的乘积等于超复数 $c_1e_1 + \cdots + c_ne_n$,就应该有

$$\sum_{i,j=1}^{n} a_ib_j\omega_{ij}^k = c_k \quad (k = 1,2,\cdots,n) \tag{2}$$

如果想做"除法",即已知 $a_1, a_2, \cdots, a_n$ 和 $c_1, c_2, \cdots, c_n$,从上面的方程组去求 $b_1, b_2, \cdots, b_n$. 而众所周知,这不一定可解,即令可解也不一定是唯一的.

哈密尔顿为了解决这个困难,日复一日、年复一年地艰苦劳动着. 他终于发现,必须放弃三元的超复数而考虑四元数(准确些说,是把三维向量看成四元数的特例)$a + bi + cj + dk$,这里有四个"单位",即 1, i, j, k. 若 $b = c = d = 0$,就得到实数;若 $c = d = 0$ 就得到通常的复数;三维向量 $bi + cj + dk$ 就是 $a = 0$ 的四元数. 关于结构方程(1),哈密尔顿给出了如下一个乘法表.

	1	i	j	k
1	1	i	j	k
i	i	-1	k	$-j$
j	j	$-k$	-1	i
k	k	j	$-i$	-1

但是,哈密尔顿发现,他必须牺牲乘法的交换律. 例如 $i \cdot j = k$,

但 $j \cdot i = -k$. 这是数学中一个了不起的时刻. 哈密尔顿后来这样回忆自己发现四元数的一瞬：[①]

> "明天是四元数的第 15 个生日. 1843 年 10 月 16 日, 当我和夫人步行去都柏林 (Dublin) 途中来到勃洛翰 (Brougham) 桥的时候, 它就来到了人世间, 或者说出生了, 发育成熟了. 这就是说, 此时此地我感到思想的电路接通了, 而从中落下的火花就是 i, j, k 之间的基本方程, 恰恰就是我此后使用它们的那个样子. 我当场抽出笔记本, 它还在, 就将这些做了记录, 同一时刻, 我感到也许值得花上未来的至少 10 年 (也许 15 年) 的劳动. 但当时已完全可以说, 这是因我感觉到一个问题就在那一刻已经解决了, 智力该缓口气了, 它已经纠缠住我至少 15 年了."

当然, 因为哈密尔顿也是一个物理学家, 而作为四元数的特例的复数又有明确的力学意义, 他当然会考虑四元数的力学意义, 并且得知它可以用来表示一个向量的旋转同时缩小放大. 读者若有兴趣可以参看前引的《高观点下的初等数学》第一卷, 68-75 页. 尽管作者克莱因十分强调这种力学解释对电动力学与相对论的意义, 今天的读者已经有了更好的数学工具来描述它们, 而不一定要用四元数了. 四元数本身尽管知道的人不甚多 (大约专门读代数的人知道得多一些), 终究还被接受为一个实体了, 而不必一定要问它与旋转有什么关系. 真正重要的有革命性的事实是, 它打破了乘法必须适合交换律这个"定见"(我不想用多少有些贬义的"成见"二字). 在这一方面, 它十分类似于非欧几何破除了平行公理这一"定见". 到今天, 任何一个懂一点量子力学的人都知道破除乘法交换律有多么重大的意义, 但是在当时, 哈密尔顿同样是"从一无所有之中创造了一个新宇宙".

19 世纪中叶, 大约随着非欧几何的出现, "创造"了大量的数学对象, 例如矩阵. 现在很难说, 谁是第一个创造者, 但这个名词首先是西尔维斯特 (James Joseph Sylvester, 1814—1897) 使用的. 把它作为一个数学实体来对待的, 首先是凯莱 (Arthur Cayley, 1821—1895). 矩

[①] 转引自:《古今数学思想》, 第三卷, 177 页, 文字稍有修改.

阵的出现没有那么多的浪漫色彩,人们接受它也比较容易. 但仔细想一下,它不但不适合乘法的交换律,而且还具有"零因子",即 A、B 两个矩阵可能都不是 O,但 $A \cdot B = O$. 还有许多"创造物",例如八元数、拟四元数等,一个基本的精神都是否定某种公认的运算律. 由于这些新数的重要性有限我们就不多说了,但是十分必要提一下另一位伟大的数学家格拉斯曼(Hermann Gunther Grassmann,1809—1877).

格拉斯曼的伟大贡献是创建了高维线性空间的理论. 在第一章中讲到笛卡儿的解析几何的意义时已提到了 n 维空间,真正完成了这个理论的则是格拉斯曼. 他没有上过大学而是一个中学数学教师,同时又精通梵文. 由于他不是处在数学圈子的中心,他的著作又常常蒙上一层神秘的色彩,文字又晦涩,因此相当长的时间里不为人所理解. 其实,当哈密尔顿在建立四元数理论时,他正在进行更为大胆的创造,研究 n 维超复数(今天我们称为 n 维向量)的代数. 1844,他出版了《线性扩张论》(*Die Lineale Ausdehnungslehre*)一书,多年后仍不为人知. 1862 年他又修订了这本书,改名为《扩张论》(*Die Ausdenungslehre*),仍然效果不佳. 在我看来,真正的原因在于他的思想超过了自己的时代.

格拉斯曼的理论与几何学有密切的关系. 但他在自己的书中强调,几何学研究的对象并不一定要是物理空间. 几何学研究的对象是一种数学构造,它可以适应于物理空间,但不必限于物理空间. 与哈密尔顿相比,如果说哈密尔顿费心机地想把自己的创造与他所十分熟悉的物理和力学协调起来,格拉斯曼则更加"自由"地发挥自己的创造才能,并相信这种"悟性的创造"迟早会带来丰硕成果. 所以,他虽然在自己的著作中多次讲到这个理论的几何意义和力学意义,其真正的价值仍在于提出了一种代数构造,而远远地离开了人们的直接经验.

用我们现代的记号,格拉斯曼考虑的是 n 维向量

$$\boldsymbol{\alpha} = \alpha_1 \boldsymbol{e}_1 + \cdots + \alpha_n \boldsymbol{e}_n, \boldsymbol{\beta} = \beta_1 \boldsymbol{e}_1 + \cdots + \beta_n \boldsymbol{e}_n$$

这里的 $\boldsymbol{e}_i (i=1,2,\cdots,n)$ 都是单位向量,$\boldsymbol{\alpha}$ 可以表示自空间原点起的有向线段(格拉斯曼确实称为线段 Strecke),α_i 则是 $\boldsymbol{\alpha}$ 在 $\boldsymbol{e}_i$ 上的投影. 也可以认为 $\boldsymbol{\alpha}$ 表示一个点,即该有向线段的终点. 格拉斯曼的重大贡献是提出该点有 n 个坐标 $\alpha_i (i=1,2,\cdots,n)$,因此不妨写作 $\boldsymbol{\alpha}=$

$(\alpha_1, \alpha_2, \cdots, \alpha_n)$. 这就与哈密尔顿把复数看成实数的有序数对一样了.

然后格拉斯曼考虑了 n 维向量的运算. 例如加法是:

$$\boldsymbol{\alpha} + \boldsymbol{\beta} = (\alpha_1 + \beta_1)\boldsymbol{e}_1 + \cdots + (\alpha_n + \beta_n)\boldsymbol{e}_n$$

这与哈密尔顿是一样的. 不同的是乘法. 格拉斯曼定义了两种乘积——内积和外积. 用现在通用的记号, 前者是

$$\boldsymbol{e}_i \cdot \boldsymbol{e}_j = \delta_{ij} = \begin{cases} 1, i = j \\ 0, i \neq j \end{cases}$$

后者则记作 $\boldsymbol{e}_i \wedge \boldsymbol{e}_j$ 而有

$$\boldsymbol{e}_i \wedge \boldsymbol{e}_j = -\boldsymbol{e}_j \wedge \boldsymbol{e}_i \quad (\text{不适合交换律})$$

$$\boldsymbol{e}_i \wedge \boldsymbol{e}_j = 0 \quad (\text{注意}: \boldsymbol{e}_i \text{ 并不是零})$$

哈密尔顿给出了一组构造方程:

$$\boldsymbol{e}_i \times \boldsymbol{e}_j = \sum_{k=1}^{n} c_{ij}^k \boldsymbol{e}_k$$

而格拉斯曼则把 $\boldsymbol{e}_i \wedge \boldsymbol{e}_j$ 本身也当作一个"单位"——一个二阶单位. 在三维向量的情况下很容易看出内外积的几何意义:

$$|\boldsymbol{\alpha}| = \sqrt{\boldsymbol{\alpha} \cdot \boldsymbol{\alpha}} = \sqrt{\alpha_1^2 + \alpha_2^2 + \alpha_3^2}$$

即其长度, 而若 $\boldsymbol{\alpha}$、$\boldsymbol{\beta}$ 之交角为 θ, 容易证明

$$\boldsymbol{\alpha} \cdot \boldsymbol{\beta} = |\boldsymbol{\alpha}| \cdot |\boldsymbol{\beta}| \cos\theta$$

至于外积, 则利用分配律(格拉斯曼承认这个规则)有

$$P = \boldsymbol{\alpha} \wedge \boldsymbol{\beta} = (\alpha_2\beta_3 - \alpha_3\beta_2)\boldsymbol{e}_2 \wedge \boldsymbol{e}_3 +$$

$$(\alpha_3\beta_1 - \alpha_1\beta_3)\boldsymbol{e}_3 \wedge \boldsymbol{e}_1 + (\alpha_1\beta_2 - \alpha_2\beta_1)\boldsymbol{e}_1 \wedge \boldsymbol{e}_2$$

这是一个二阶的超复数, 它的大小经过一些计算是

$$|P| = \{(\alpha_2\beta_3 - \alpha_3\beta_2)^2 + (\alpha_3\beta_1 - \alpha_1\beta_3)^2 +$$

$$(\alpha_1\beta_2 - \alpha_2\beta_1)^2\}^{\frac{1}{2}} = |\boldsymbol{\alpha}| \cdot |\boldsymbol{\beta}| \sin\theta$$

即以 $\boldsymbol{\alpha}$、$\boldsymbol{\beta}$ 为棱的平行四边形面积, 而 P 则认为是该四边形的有向面积. 格拉斯曼把这些概念推广到一般的 n, 进一步指出 $\boldsymbol{\alpha} \wedge \boldsymbol{\beta} \wedge \boldsymbol{\gamma}$ 是以这三个向量为棱的平行六面体的有向体积.

格拉斯曼的工作远远超过他的同时代人. 他在世时, 他的著作没有得到人们的承认. 幸运的是, 他似乎有点不求闻达于诸侯, 淡泊自处, 搞点梵文以为自娱. 但是哈密尔顿和格拉斯曼的工作, 再加上我们没有讲到的数学天才伽罗瓦的工作, 开现代抽象代数之先河, 而这个

数学分支当然是数学的核心的一部分.

再看一下今天.抽象代数的特点之一是人完全自觉地应用自己的抽象能力创造出种种新的数学对象.如果说在 19 世纪这还只是少数走在时代前面的大数学家的事,今天这就已经成为人们——不止数学家——的常规武器了.我们不妨以自己的经历来看这种能力的形成和发展.甚至对于幼儿园的孩子,接受 3+2=5 完全没有困难,这当然不能说现在儿童的"智商"比许多原始部族的人还要高,而应归之于历史上人类实践的积累.以我们来说,在大学里才学到向量的时候还有一点生疏、惴惴不安之感.说"矩阵就是一个数表",我们也只好被动地接受.那时有的同学要发点牢骚:"数学就只有他说的,他怎么说都行,我怎么说都不行."但是这种生疏之感逐步地消失了,不过一两年,向我们这批学生讲到线性空间、群、环、域、非交换的乘法⋯⋯我们也不感到可怕了,心里觉得确实有那么一个东西是我们能理解、能掌握的.这当然并不是我们这批学生一下子都超过了哈密尔顿、伽罗瓦这些绝顶的天才,而是人类实践的积累起了作用.抽象与否在很大程度上取决于接受者的背景.从整体上看,在 19 世纪以前数学处理的对象都还是比较接近于人类直接经验的东西.恩格斯说的"悟性的自由创造物"虚数,其实对于现在的高中生也没有什么神秘了.现在几乎每一个数学家都会提出某种"悟性的创造物"作为自己的研究对象,设计一套公理系统,推出种种结论.别人对他的反映首先不是因为他越出了一般的定见而惊奇,而是会问他究竟能解决什么问题,而只有到他得出惊人的结果时,别人才会惊奇:"他是怎样想出来的?"应该要注意,恩格斯写《反杜林论》花了两年多时间(1875—1877),这时,非欧几何出现了,四元数出现了,n 维空间的几何出现了.数学中的新内容不知有多少是"人类悟性的自由创造物",以至于康托尔(Georg Cantor,1845—1918)——集合理论的创始人——说"数学的本质就在于它的自由".大约正是恩格斯活动的年代是数学发展的极为重要的年代.现在需要回答的问题是:这个由人类直接经验向"悟性的自由创造物"的转变是进步还是退步?

对于多少知道一点数学的人来说,这个转变是极大的进步,对于数学圈子外面来说,这个转变则时常是造成种种误解的根源.

第一个也是最重要的误解是：这种转变是数学脱离实际的表现. 上述怀特海的引文可能造成一个印象：只有从毕达哥拉斯到牛顿,数学才直接从外界(时常是通过物理、力学、工程技术)得到新问题、新思想. 恰好相反,18—19 世纪以后这个过程大大加速了、扩大了、深化了. 第一章中我们说过,在科学的数学化的同时,也出现了数学的科学化,这是当代数学发展的主流. 数学的主题仍然是"认识宇宙,也认识人类自己". 问题在于,只凭人的直接经验能不能认识宇宙? 为了认识宇宙,人发明了望远镜、显微镜,大家都承认这是进步. 例如我们谁也没有见到过"一个或两个原子",但是大家都相信确有原子. 因为我们做过许多"实验",证实了原子存在. 但稍微过细推敲一下发现问题并不那么简单. 古希腊就有原子学派,他们当然谁也没有"见"过原子,反正这是哲学家的事,哲学家又都是常人不必理喻的怪人,所以我们不必去议论了. 后来人们说,化学中的定比定律、倍比定律是原子存在的证据. 但是细想一下这完全是一种数学推理：参加化学反应的各种物质的量都是按自然数成比例的,因此反应物必定都是一个一个粒子,这种比例就是粒子个数的比例. 可是大家都说定比定律、倍比定律是英国化学家道尔顿(John Dalton,1766—1844)的"实验"结果,其实,如果毕达哥拉斯泉下有知,必定会收道尔顿为自己的门徒的. 道尔顿又一次证实了宇宙是由数生成的. 真正证实了原子存在的人恐怕是爱因斯坦,他在 1903 年一篇讨论布朗运动的论文(这一年他发表的另外两篇论文,一篇讲光电效应,证实了光的量子结构；另一篇创立了狭义相对论),才确实地证实了原子存在,可是仍然是依据推理,而没有"看见"原子,更没有"摸着"原子. 总之,要认识宇宙就得有工具,不但要有实验仪器,还要有推理. 这本来是自古而然. 而到 19 世纪则是更系统地,几乎完全脱离了直接经验,甚至也不针对某个特定问题,由逻辑推理提出的也不一定是关于某个问题的具体推断,而可能是一种结构,一个理论,甚至是暂时没有任何应用的理论,一定要经过相当的时间,才由实践证明它的伟大意义. 如果说这不是进步,还能说是什么呢?

这个转变的意义只有以科学史来验证. 乘法不可交换对于常人是完全无法理解的,但是如果没有它就不会有现代的量子物理学. 现在许多人都知道有所谓"测不准原理",而且写出了不知多少文章来讨论其"哲学意义"，但是似乎很少人知道在数学上刻画测不准性质时用的正是表征某些物理量的算子（物理学家更愿意用"算符"的说法，反正也是"人类悟性的自由创造物"！）的"乘法"之"不可交换性"。我们在这本书里无法讨论数学与量子物理学的关系，非欧几何学为相对论的出现铺平了道路，则将是下一章的主题。不但是新的数学方法、数学思想为相对论和量子物理学的出现铺平了道路，而且这些新的物理理论也都是越来越超过了人类的直接经验，而越来越具有人类悟性"自由创造"的理论结构的特点。

说这个转变是伟大的进步还有一个理由，是它伴随着另一次伟大的思想解放，即从人类直接经验的束缚下的解放。正因为这首先是在数学王国里实现的，当然就引起了数学以外的人们的误解了。数学对16—17世纪人类的思想解放起了极大的推动作用。宗教的权威衰落了，从中世纪的天主教的思想统治到自然神论，离无神论只有一步之遥。到19世纪，上帝连这一个位置也保不住了。试想，如果上帝确实按几何学设计了宇宙，那怎么会既有欧几里得几何，又有非欧几何呢？19世纪的数学家面临的是另外一场思想解放：从人类直接经验的束缚下解放出来。作者愿在此大胆妄评康德。他的时空观其实奠基于欧氏几何和牛顿力学，他的哲学的任务之一正是要说明当时人类直接经验得到的东西，即当时人类实践的总结，具有普遍的绝对的意义。为了说明它，康德就把它说成是绝对的先验的东西。所以高斯要摆脱这种绝对的先验的东西自然会十分踌躇了。到今天我们十分明白，非欧几何、四元数、n 维空间正是更深刻地刻画了宇宙，但当时都是以"悟性的自由创造物"的形式出现，因而难以得到人们的认可。应该说，从自己千百年形成的习惯和直接经验的束缚下解放出来，其困难绝不亚于从宗教统治下的解放。培根讲过人有四种偶像或幻象，其中之一是"部族的偶像"，他说："部族的偶像是在人类本性中及在部族乃至整个人类中与生俱来的。因为人的感觉被错误地看作事物的标准。与此相反，人的知觉，无论是其感觉或其心智都是以人为参照而非以宇宙为参照，人类的心智像是不平的镜子，把自己的性质转赋给了事物，光线原由事物发出,而镜子使之扭曲变形."①像哈密尔顿、凯莱这些人都难免为自己的定见所束缚,例如他们都不接受非欧几何.其实稍微反思一下,人们会对自己成见之深哑然失笑.还是以原子为例.近年来,用电子显微镜人们终于"看见"了"一个两个的原子",于是大家都"放心"了.但是你真"看见"了什么吗?如果真有那么一个原子,它与电子束相互作用,通过种种极为复杂的装置,仪器自动地对观测结果进行傅里叶变换,不知经过多少中间环节,才在你的大脑的某一部分生成了一个"像",于是你说"看见"了.且不说这中间有多少技术上的困难,至少有许多观念上的困难.例如绝大多数人都以为原子是一块小而又小的石头那样的"粒子",而现代的量子力学会告诉我们并不是这么一回事.可是我们完全不顾仪器自动地进行数学推理这个事实,偏说是自己"看见"了,而且由此深信不疑.反过来,当数学推理的结果已经说明了、预见了那么多的事实,却偏偏不敢相信,这不是很可笑吗?所以,毫无疑问,正是在19世纪数学用"悟性的自由创造物"解放了人类自己,使人类理性走到了直接经验的前面,这才真正表现了理性的力量.

　　不喜欢数学的人还注意到了这个伟大进步的副作用.一是许多数学家冥思苦想着连自己也不知道是什么的理论,都变成怪人了.我的一位朋友第一次见到他的外甥时,得到的评价竟是"姨父并不是古怪的人,怎么会是数学家呢?"二是这些数学家在滥用理性的力量,其实搞的是"自己想象的自由创造物",他们脱离了实际,脱离了人类认识世界的总的潮流,数学走进了死胡同.数学家终日以炮制"论文"为能事.有人统计现在每年要发表25万个新数学定理,而十年以后人们还记得的不知只能剩下几个,所以数学家干的是最省劲的事.反正他们也没有干什么坏事,就让他们去写"论文"吧,虽然于事无补,无益尚亦无害.真那么轻松吗?哈密尔顿关于发现四元数的那一段自述,最好不过地说明了数学家的创造过程是多么艰难.他们并不是随心所欲地"自由创造",康托尔说的"数学的本质是自由",其实是思想在极端困顿之后不得不走这条路的"自由".真正能在这条路上得到成果的只是少而又少的人.王国维在《人间词话》中有一段脍炙人口的名言,用在

①　转引自 M. Kline, *Mathematics: the Loss of Certainty*, Oxford University Press, 1980, 71 页.

这里还是十分贴切的,因此全文抄录于此:

> "古今之成大事业、大学问者,必经过三种之境界:'昨夜
> 西风凋碧树.独上高楼,望尽天涯路.'此第一境也;'衣带渐
> 宽终不悔,为伊消得人憔悴.'此第二境也;'众里寻他千百
> 度,蓦然回首,那人却在灯火阑珊处.'此第三境也.此等语皆
> 非大词人不能道.然遽以此意解释诸词,恐为晏欧诸公所不
> 许也."

亦未知能得读者之心否?

还是回到那些"自由创造"的数学论文吧.我们当然不能希望每个
作者都是哈密尔顿.可以说,绝大部分论文都是不会结果的花.有些论
文的作用在于磨炼一种方法,弄清某些细节;有些论文是传递火种的
薪柴,火焰将在其他人的论文中升起.花开在这人的论文中,果结在他
人的身上.这是没有办法的事,也是人类为了自己的进步不得不付出
的代价.成千上万的人参加到数学研究的队伍中来,多数人的工作没
有显著的成果,只有少数人得到了胜利.但是,没有这么多的人孜孜不
倦地把自己的终生奉献出来而不计得失,就不能想象科学和文化的进
步.科学的舞台犹如夏夜的星空,点点明星由无底的黑暗衬托.可是这
无底的黑暗并不是空虚,而充满了宇宙尘埃、灭亡了的或正在生成的
星体等等.没有它们哪有灿烂星空呢?我们绝大多数人都只能在深沉
的黑暗背景中得一席地.没有这样的胸怀,怎能从事科学呢?所以,用
科学以求个人名利实在是最"不"优的选择,远不如去"创收".如果说,
大多数人的精力都是浪费了的,则人类社会中浪费了人的才智的事、
"脱离实际"的事难道还少吗?成千成万的人每天晚上坐在电视机前
"欣赏"着"人类悟性的自由创造物"又该作何论呢?纯情少女、白马王
子、亿万豪富、武林高手;地下党员必徜徉于灯红酒绿之中,千钧一发
自有美女前来相救,怎么没有人说这是"脱离实际"而认为是有"娱乐
作用"?世人何以苛求科学家如此?每念及此,总想到大物理学家玻
尔对一些电影的评价,总想向别人讲一讲这个故事.我要感谢这本书
的编辑,允许我也"浪费"一点宝贵篇幅以博得会心的微笑.物理学家
卡斯米尔回忆起和玻尔在一起看了一部电影后玻尔的评论:"我不喜
欢那部电影,太不可信了.那个坏蛋带着漂亮的姑娘逃走,是符合逻辑

的,常有这种事.桥在他们的马车底下坍掉,虽不大可能,但我还是愿意接受的.那位女主角挂在悬崖上方的半空中,更不大可能了,但我仍可接受.我甚至愿意接受恰在千钧一发之际汤姆·密克斯骑着马来了.但是有那么一个家伙恰好在这个关头带着电影机把一切过程拍了下来,我无论如何不相信."①可怜的科学家啊,您在无穴可走、无税可偷之际,何妨也欣赏一下这种"人类悟性的自由创造物",略加评论,聊以自慰?

2.5 罗氏几何的相容性

"人类悟性的自由创造"并不是"自由编造""随意杜撰".当人的理性思维突破了人类直接经验的局限以后,没有可以直接检验其真理性的东西了,不能直接由实践来检验了.这时还有什么必须遵从的规矩吗?答案是逻辑.在不能直接检验的时候提出逻辑的标准,既是必要的,又是一大进步.这样做至少避免了许许多多矛盾和错误,而且能把数学理论推到极深极远处,得到许多结论,而这些结论时常是可以用人的经验,或曰用物理学,或曰用人类的实践来检验的.所以,没有逻辑的标准,对深层次的数学理论的检验时常就成了一句空话.逻辑的规律既然是它必须遵守的,相容性问题——即无自身的矛盾——则成了首要的问题.

欧几里得几何的相容性问题归结为算术的相容性,这一点在第一章里已经讲过.罗氏几何的相容性却可归结为欧几里得几何的相容性.证明的方法是找出罗氏几何的欧几里得模型,如下面讲的克莱因模型和庞加莱(Henri Poincaré,1854—1912)模型.首先提出要寻找模型的是贝尔特拉米,当时还没有很明确的相容性概念.人们欢迎这些模型,倒宁可说是因为它们驱逐了当时还笼罩在罗氏几何上的神秘主义的色彩,它们使人感到罗氏几何无非是欧几里得几何一部分——换一个说法而已.后来,人们又发现只要罗氏几何是相容的,欧几里得几何也必定是相容的.因此,把二者之一看成是附属的是没有理由的.至于相容性需要证明也是逐步认识到的.罗巴契夫斯基和鲍耶依在他们的著作中,除了应用了绝对几何的知识以外,还应用了不少球面三角

---

① 引自文集《尼尔斯·玻尔》中,卡斯米尔作《回忆 1929—1931 年》,上海翻译出版公司,1985,115-116 页.

学的知识,这种三角学是由欧几里得几何衍生出来的.所以,他们相信自己的新几何学不会产生矛盾,其实是根源于他们对欧几里得几何无矛盾的信念.下面我们就来介绍这两种模型.

我们违反历史发展的顺序,先介绍庞加莱模型.几何学始于一些无定义的元素和其间的一些无定义的关系.庞加莱模型(以下简称 P 模型)中也要先定义一些元素(一律冠以 P 字): P 平面、P 直线和 P 点.

P 平面是指一个圆周 Γ 的内域,Γ 称为 P 平面的绝对,其实就相当于我们通常说的无穷远处.P 点就是通常的点.Γ 外的点我们不考虑.P 直线比较麻烦,我们规定 P 直线就是与 Γ 垂直的圆弧.两个圆弧——或者更为一般地说,两条曲线的交角,即在交点处切线所成的角.若该角为 $90°$(仍是欧几里得意义的 $90°$),则称它们垂直.这里,直径也是 P 直线,它是半径为 ∞ 的圆弧,但其他的弦都不是 P 直线.图 50 上的 l 与 m 都是 P 直线.

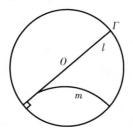

图 50

各类元素之间有三种关系:"在……之上"或"联结",对 P 元素而言与欧几里得意义一样,所以也不冠以字母 P.但 P 合同是一个复杂的问题.在欧几里得几何中"合同"概念可以用等价的"运动"概念去代替:如果两个图形"合同",就说有一个"运动"将一个图形变为另一个;反过来也一样.那么如何定义 P 运动呢?有两种方法,一种是用初等几何的方法,即用反演变换.这个概念对时下学数学的学生是太生疏了(更不说高中学生),其实既有用,又容易懂,有兴趣的读者可以看一下 H. S. M. 考克塞特与 S. L. 格雷策著的《几何学的新探索》,北京大学出版社,1986,第五章.另一种是用复平面的线性分式变换.对学数学的人来说,这也是不应该疏忽而又被忽视了的内容.请参看 И. И.

普里瓦洛夫《复变函数论引论》上册,高等教育出版社,1953,第三章,134-142 页.我们用后一种方法.

我们把平面理解为复数 z 的平面,而以 $|z|=1$ 为 Γ,故 P 平面即 $|z|<1$.我们定义 P 平面的"运动"就是一个变换,它把 z 点变为 W 点,二者的关系是

$$W = \mathrm{e}^{\mathrm{i}\theta} \frac{z-a}{1-z\bar{a}} \qquad (1)$$

θ 是实数,a 是复数而且 $|a|<1$,即 a 为 Γ 内一点——一个 P 点.从整个 z 平面看,(1)是 z 平面与 W 平面的一一对应,而 Γ 仍变为 Γ(但 Γ 上的一个点可以变成 Γ 上的另一点),Γ 内(外)的点仍一对一地变到 Γ 内(外).所以(1)作为 P 平面上的变换而言,它把整个 P 平面一对一地仍变为 P 平面.

变换(1)有许多性质[①].最重要的有两个:一是它保持角度不变(图 51),所以称为共形变换;二是它把圆弧变成圆弧.综合二者可见:它把垂直于 Γ 的圆弧(P 直线)仍变为垂直于 Γ 的圆弧(P 直线).所以它也把 P 角变成 P 角.总之,把(1)定义为 P 运动是合理的.

图 51

我们习惯于认为角度及长度在运动下不变,而若两个图形的一切相应的角度与长度都相等,则它们是合同的.由于运动(1)是共形变换,P 角的大小确实可以保持.要定义线段 AB 之 P 长度,需先定义其交比(cross ratio 或称非调和比),为此先作出 P 直线 AB 在 Γ 上的端点 P、Q(图 52),其交比之定义是 $(AB,PQ)=\dfrac{\overline{AP}\cdot\overline{BQ}}{\overline{BP}\cdot\overline{AQ}}$($\overline{AP}$ 是线段 AP 的欧几里得长度.)AB 的 P 长度 $d(AB)$ 定义为

$$d(AB) = |\ln(AB,PQ)|$$

这样定义的长度应该具有 2.3 节讲到的不变性和可加性,这里略去其证明.这样我们

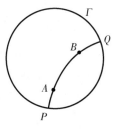

图 52

---

① 湖南教育出版社出版了"走向数学"丛书,其中有李忠著《双曲几何》,对本节提到的问题做了详细而通俗易懂的介绍,欢迎读者关注此书和这套丛书.

看到,若 A 与 P 重合,则 $(AB,PQ)=0$,而 $d(AB)=\infty$,A 与 Q 重合时 $(AB,PQ)=\infty$,也有 $d(AB)=\infty$.所以,看起来当 A 移向 P 时,AB 是有限长的,但其 P 长度成了无穷.荷兰著名的画家爱歇尔(Maurits Cornelis Escher,1898—1971)根据加拿大几何学家考克塞特(H. S. M. Coxeter)的建议画了一幅 P 模型的图(图53),图中的黑色的魔鬼与白色的天使嵌满了整个 P 平面,这些黑魔鬼看起来大小不同,但按 P 长度都是合同的,白天使也一样.2.3节中我们证明过,罗氏几何中没有相似形,凡相似者必合同,从爱歇尔的画里看得很清楚.爱歇尔画过许多在数学上很有意思的画,希望我国的读者不久有机会看到他的画集.有一本在西方很流行的"通俗"数学书 Gödel, Escher, Bach: *An Eternal Golden Braid* (Douglas Hofstadter,Vintage Books,1979),也希望我国读者不久能读到合格的全译本.

图53 爱歇尔作:极限圆Ⅳ,1960

(原作是双色木刻,直径417mm)

余下的是要验证公理 Ⅰ、Ⅱ、Ⅲ、Ⅴ 在 P 模型中成立.例如关联公理 Ⅰ₁ 通过两点必有一条直线,现在变成了一个平面几何作图题:过圆 Γ 内两点 A、B 作一圆弧与 r 垂直(图54).这当然并不难,但是我们可以用另一个办法去作.令 A 代表复数 a,则做运动(1)使 A 点变成圆心 O,B 变为 B'.作直线 OB',它当然垂直于 Γ.再用(1)的逆变换,即可得到过 A、B 的 P 直线.其他的公理也可以类似地证明在这个模型中成立,只不过有的不太容易,特别是合同公理Ⅲ.这里我们就不再一一列举了.余下的是看一下双曲性公理.如图55所示,设有 P 直线 l,它在 Γ 上的端点是 R 与 S,

再有 z 外一点 P. 于是过 P 和 R 作一圆弧 m 与 Γ 垂直, 同样作 n
与 Γ 垂直于 S 点, PR 是左行极限平行线, PS 是右行极限平行线.
其上的点到 l 的距离当趋向 Γ 时必趋于 O, 所以是渐近平行线. 过
P 点经非阴影区域的 P 直线 (图 55 上的虚线) 是第二类平行线,
其上的点到 l 的距离当趋向 Γ 时必无限增大, 所以是发散平行线.
这样可见, 双曲性公理也成立.

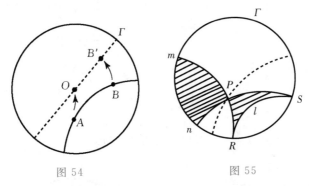

图 54　　　　　　　　图 55

　　总之, 我们看见罗氏几何在此模型下成为欧几里得几何的一
部分. 但欧几里得几何是相容的, 作为它的一部分的罗氏几何自
然也不会有矛盾, 而是相容的. 值得注意的是, 由罗氏几何的相容
性也可得到欧几里得几何的相容性. 但是因为要用到诸如极限圆
(horocycle) 之类的概念, 我们就不再讲了. 顺便我们也来看一下萨
凯里四边形, 这样就明白了为什么前面我们时常把它的边画成弯
曲的了 (图 56). 它的顶角确实是锐角.

　　最后讲一下 2.3 节的定理 8, 它称为罗巴契夫斯基-萨凯里公
式. 如图 57 所示, 令 $d=d(PQ)$ (P 长度), $\alpha=\pi(d)$ 是 P 处的平行
角. 过 P 作 l 的极限平行线 δ, 又作 δ 的切线 PR, 于是由欧几里得
几何 (记住, 罗氏几何已成为欧几里得几何的一部分了, 所以可以
自由地用其中一切定理. 这就是模型的好处), $\angle PRO = 2\beta$, 但 $\alpha =$
$\dfrac{\pi}{2}-\angle PRO=\dfrac{\pi}{2}-2\beta$, 故 $\beta=\dfrac{\pi}{4}-\dfrac{\alpha}{2}$. 欧几里得距离 $\overline{PO}=\tan\beta$, 而
P 距离

$$d=\left|\lg(PO,P'O')\right|$$
$$=\left|\lg\left(\frac{\overline{PP'}\cdot\overline{OO'}}{\overline{PO'}\cdot\overline{OP'}}\right)\right|$$

$$= \left| \lg \frac{1 - \overline{PO}}{1 + \overline{PO}} \right|$$

所以

$$e^d = \frac{1 + \overline{PO}}{1 - \overline{PO}} = \frac{1 + \tan \beta}{1 - \tan \beta}$$

由于

$$\beta = \frac{\pi}{4} - \frac{\alpha}{2}, \quad \tan \beta = \frac{1 - \tan \dfrac{\alpha}{2}}{1 + \tan \dfrac{\alpha}{2}}$$

代入上式即得

$$e^{-d} = \tan \frac{\pi(d)}{2}$$

可见在 P 模型中 $k=1$. 又,以上角均以弧度计.

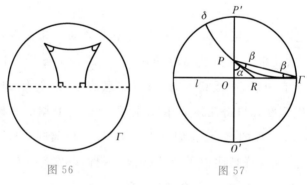

图 56   图 57

　　既已知罗氏几何的相容性,我们也就知道了平行公理Ⅳ对公理Ⅰ、Ⅱ、Ⅲ、Ⅴ的独立性.因为,如果没有独立性,而由Ⅰ、Ⅱ、Ⅲ、Ⅴ能证明平行公理Ⅳ,则引入双曲性公理必与公理Ⅳ(作为其他公理的推论)相矛盾,但上面已证明了罗氏几何是相容的、无矛盾的,故知平行公理的独立性.可以说,两千多年来关于平行公理的争论,其实就是争的独立性问题.

　　一个形式系统还有范畴性问题.什么是范畴性?为此要介绍罗氏几何的另一个欧几里得模型——贝尔特拉米-克莱因模型(简称克莱因模型或 K 模型). K 平面仍是单位圆 Γ 的内域. Γ 仍称为绝对. K 点就是通常的点. K 直线则是 Γ 内的弦.三种关系:"关联"和"在……之间"仍按通常的意义理解,但"合同"要重新解释,这是很复杂的,需要用不少射影几何知识,我们这里就不来讲了.
只是要提醒,欧几里得几何的长度在这里不能用.因为按欧几里
得几何的意义,l 即 QR(它是罗氏几何的"无限"直线)之长是有限
的,但由阿基米德公理,它又必须是无限的.欧几里得的角度在这
里也不能用.因为 P 模型中的运动是共形变换,因而仍可用欧几
里得角度作为 P 角度.也因此,P 模型称为共形模型.K 模型中的
运动不是共形变换.K 模型也称射影模型.

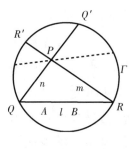

图 58

　　我们只来验证一下双曲性公理在此成
立.图 58 上过 P 的直线 QQ' 与 RR' 是 l 的两
条极限平行线,而过 P 点且位于 $\angle QPR'$ 或
$\angle RPQ'$ 的直线(图上的虚线)与 l 必不相交
即平行线.所以过 P 点对 l 平行的直线有无
穷多条.

　　现在要问 P 模型与 K 模型有何关系?
我们用所谓球极射影的方法来回答这个问题.如图 59 所示,在平
面上放一个球,令其北极为 N 点.自球向平面作垂直的投影,其赤
道映为圆 Γ_K.我们用它作为 K 模型.从它的一点向上作垂线,与
下半球面得到一个交点.把北极与它联结,并延长连线到再与平
面相交——这就叫球极射影,它必位于圆 Γ_P(赤道的球极射影)
内.我们用 Γ_P 的内域作为 P 模型.这样我们使 K 模型的一点变成
P 模型的一点,反过来也是一样.所以 P 点和 K 点一一对应.又如
果有一 K 直线,也用上面的对应方法在 P 模型中找到一个曲线.
可以证明它是 P 直线.反过来 P 直线也可以变成 K 直线.所以它
们也一一对应.三种关系即"关联""在……之间""合同"关系,在
这个变化下也都得到保持.这些当然都应该要证明.如果两种模
型具有这样的对应关系(元素要一一对应、关系要得到保持),就
说它们是同构的(实质上是一样的).所以罗氏几何的 P 模型和 K
模型是同构的.如果一个形式系统的一切模型都是同构的,即如
果它实质上只有一个模型,就说它有范畴性.罗氏几何是有范畴
性的.上面我们"证明"了 P 模型与 K 模型同构,但实际上,罗氏几
何的一切模型都是同构的.这当然是要花一点功夫才能证明的.

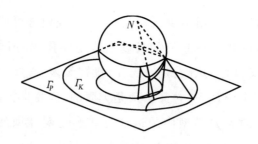

图 59

2.6　关于数学基础

从《几何原本》到《几何基础》，两千年的一桩公案该了结了吧？可是，天下事了犹未了．我们来看一下已经走到了哪一步．数学——几何学，因为要脱离个别人的具体经验，在抽象的形式下研究几何形体，就必然要以演绎科学的形式出现．演绎科学就必然要有一个出发点，因此只能采用公理化的方法．对于公理化的演绎科学，因为不可能用实验去逐一验证其结论，所以必须要求它具有合乎逻辑的严格性．这种逻辑的标准自亚里士多德以来就已经大体固定：同一律、矛盾律、排中律是基本的定律，三段论法是基本的推理形式，还有著名的蕴含定律：如果命题 A 为真，而且 A 蕴含了命题 B（记作 $A \rightarrow B$），则 B 也为真，这在亚里士多德称为假言推理（modus ponens），数学推理正是这样的．要走公理化的道路，就必须要研究相容性、独立性和完全性等等问题．罗氏几何的相容性已归结为欧几里得几何的相容性，而后者又归结为算术的相容性．算术的相容性又是什么情况呢？几千年来谁又想过会在算术中出现什么矛盾呢？数学的大厦似乎已建立在算术这一巩固的基础上了．我们还应该讲一下微积分．原来它的基础也是不清楚的，但是到 19 世纪 70 年代，实数理论已经巩固地建立起来了，人们已经懂得了这里的根本问题仍是几千年来的老问题：无限．康托尔建立了集合论，给出了超限数理论，其中有一些公理，在外行人看来是没有问题的，但内行人仍持怀疑态度．例如选择公理，用最粗略的话来说就是："如果有许多不同的非空集合，则可由每个集合中恰好取出一个元素来．"内行们要问了：如果是无穷多个集合，怎么能"一下子"就各"取"出一个元素呢？顺便讲一个故事：康托尔是一个天才，也是精神病患者，病发了就住院，病好了就研究数学，难怪他的数学有一种常人难以理解的神秘色彩．他的集合论有人赞成，认为是数学的"天堂"，而"谁也不能把我们从天堂里赶出去"．有人则认为这简直是神学．其实哥德尔也有些精神不健全．看来，在天才和精神病患者之间是没有截然的界限的．但总的说来，20世纪开始的时候，人们是乐观的，数学很快就会达到（甚至已经达到了）完全的严格性．

不记得哪一位物理学家也这样描述过20世纪初物理学的情况：似乎一切基本问题都已解决了，晴空如洗，只有远方天空中浮动着不引人注意的几片小小乌云．可是正是从这几片乌云中引来了大风暴，物理学的革命开始了．数学的情况也差不多，在一片乐观情绪中已经可以听见远方传来的雷声．

数学家不论是否自觉，总是在力求达到真理．但是这个问题是如此复杂，19世纪"人类悟性的自由创造物"告诉我们，真理问题既不能用几句哲学的结论，例如"主客观的一致"来代替（其实这是对哲学家的大不敬了，至少，有影响的哲学家都是非常深刻的人，他们似乎并没有以空话掩饰思想贫乏的毛病，如果有人害了这种病，"哲学医院"应该收容他们住院），更不能停留在朴素的直接经验水平上．试想，数学既已发展成一个严格的公理体系，就不能不把它与物理世界的关系问题与另一个问题——即对其本身的考查——暂时分开．这样，我们看到了"作为物理学的几何'和'作为数学的几何"之区别；看到了，真伪问题变成了相容性问题等等．一句话，我们要问：数学作为一门严格的可靠的科学，其可靠性的基础何在？这是一个反思，用外尔的话说是"哲学的反思与历史的反思的结合"．[①]这样出现了对数学基础的研究．其最有影响的学派有三：逻辑主义、直觉主义和形式主义．

要真正懂得这些"主义"，必须懂数理逻辑．这不是一般人（包括作者）能做到的，但是好在作者找到了一本好书：P. Benaceraf and H. Putnalm，*Philosophy of Mathematics*，1964．这是一本论文

① 见外尔《数学中公理方法与构造方法之我见》（*Axiomatic versus Constructive Procedures in Mathematics*），译文见《数学译林》，1988年第四期，330-340页．这是近年找到的外尔的遗著之一，十分有趣．

选.其中第一部分是 *Symposium on the Foundation of Mathematics*,有三位大师:卡尔纳普(Rudolf Carnap,1891—1970)、海廷(Arend Heyting,1897—1980)和冯·诺伊曼(J. von Neumann,1903—1957)各作短文介绍三大学派,应该是许多人(但是要有一点耐心)可以读的.虽然成文于 1931 年,还在哥德尔定理之前,但是应该说是可靠的.

先从逻辑主义说起.第一章就说过,逻辑学的祖师爷是亚里士多德.他的逻辑其实是由数学来的.为什么数学的公理可以变而亚里士多德的逻辑就一定不能变呢? 笛卡儿问过何以逻辑为真,但没有回答,只说上帝不会欺骗人.笛卡儿和莱尼布兹都提出过把逻辑符号化的思想,特别是后者,但是没有成功,这在第一章也讲到了.接着应该讲到布尔(George Boole,1815—1864).他写了《思维法则的研究》(*An Investigation of the Laws of Thoughts*,1854)一书,真正把逻辑演算符号化、形式化了.这就是现在人们熟知的布尔代数.现在不但计算机科学家,而且几乎凡是要用计算机的人都得懂得一点布尔代数,他们何曾想到自己受惠于数学呢? 布尔当时似乎没有想到计算机,而想的是应用它于概率论,而且,布尔似乎不知道莱布尼茨的思想.

真正把逻辑学公理化、符号化的是弗莱格(Gottlob Frege,1848—1925).他提出了一些公理和记号,尽管十分复杂但确实推导出了矛盾律和排中律.他认为逻辑可以是算术的基础,为此写了《算术的基本定律》(*The Fundamental Laws of Arithmetic*,Vol 1,1893;Vol 2,1903)一书.大体同时按这条道路进行工作的还有皮阿诺.他提出了自己的形式系统,并且不仅将它应用于逻辑,还应用于数学公理的表述(与此相对照,希尔伯特的《几何基础》中关于公理的表述则全是采用文字的,即 verbal expression).皮阿诺写了五卷本的《数学公式集》(*Formulary of Mathematics*,1894—1908).皮阿诺对罗素影响极大.1900 年,罗素与怀特海在巴黎的世界哲学家大会上听了皮阿诺的讲演,受到极大的启发,认识到皮阿诺的形式化正是他所需要的.因为他早就不满意于康德的综合先验判断,而算术确又不似经验之总结,皮阿诺的形式化给了他以出路.于是他与怀特海开始了《数学原理》（*Principia Mathematica*,1910—1913,共三卷）的写作.罗素工作极为勤奋,写作期间每天工作十多个小时.至此,数学基础的逻辑主义乃集大成.但如罗素所说,这部书最初只是作为对康德的反驳而成①.

所谓逻辑主义,按卡纳普（R. Carnap,1891—1970）的说法可以分为两个命题:②

"1.数学的观念均可从逻辑的概念用显式定义导出.2.数学的定理均可由逻辑公理通过纯粹逻辑的演绎导出."

这种理论明显地与康德相对立.康德认为数学知识的性质是"综合"的,而逻辑主义则主张其性质是"分析"的,即可以归结为逻辑上的矛盾律和 Modus Protons 原则.逻辑主义最大的成就之一,是把经典的数学形式化了.罗素的"臭名昭著"的名言是:③

"数学可以定义为这样的学科,在其中我们从不知道我们谈论的是什么,也不知道我们所说的是否为真."

难怪,当他在 1937 年批评希尔伯特数学是按一定规则用无意义的符号在纸上玩的游戏的说法时,说希尔伯特忘记了数学在经验世界中的应用,这时别人要讥笑罗素健忘了.逻辑主义是否驳倒了康德暂时不谈,造成灾难的是罗素发现了逻辑中的悖论（paradox,其实就是矛盾,也就是二律背反,即用似乎无误的推理证明一个命题 A 及其否定 $\neg A$ 同时为真）.1902 年,罗素把这个悖论写信告诉弗莱格.那时他正在写《算术的基本定律》第二卷,功告垂成之际,弗莱格当然大为震动,而在书末写了一段有名的话:

"一个科学家再不会遇到比这更难过的事了:即当工

① 见 Russell:My Mental Development(我的心智的发展),这其实是他的一篇自传,成于 1951 年.作者是在 J. R. Newman,*The Word of Mathematic*,Vol 1,Simon & Schuster,1956,381-394 页中见到此文.

② 见 P. Benaceraf and H. Putnam,*Philosophy of Mathematics*(下称"数学哲学")31 页.

③ 这话是 1901 年说的,出处不明,作者前面希望在"批判"罗素时要小心,是因为有一个小故事:1918 年,罗素曾因反对第一次世界大战而入狱数月.他在狱中写了《数学哲学引论》(*Introduction to Mathematical Philosophy*)这本名著.这给监狱长带来了灾难,因为他要"忠于职守",认真"审查"罗素的"言论"有无反对政府之处.但是这难道不比罗素坐牢更痛苦吗?

作垂成之际却发现基础崩溃了. 当本书即将付印之时, 罗素先生(时年 30 岁)的一封信就把我置于这种境地."

这种悖论最早的就是希腊时代爱皮门尼底斯(Epimenides, 前6—7 世纪希腊克里特岛的传说人物)的克里特人悖论或称说谎者悖论. 用罗素在《数学原理》一书中的表述是:"他说克里特人都是说谎者, 克里特人讲的其他一切话都是谎话."其实可以用更易懂的说法改成"我在撒谎", 并问这是否是谎话? 如果是, 则"我在撒谎"是谎话, 因此, 我没有撒谎. 如果不是, 则我说的是真话, 即"我在撒谎"是真话, 我确实在撒谎①. 如果再换一个形式更容易看出问题之所在:设有一个命题{A:A 是谎话}, 并问 A 是否为真;若 A 为真, 则"A 为谎话"为真, 而 A 不真;若 A 不真, 则"A 为谎话"不真, 即 A 不为谎话而 A 为真. 真可谓"真为假时假亦真". 罗素悖论则是关于集合的. 他将集合分为两类:一类是不以它自己为元素的集合, 记所有这类集合的集合为 ω, 即 $\omega = \{x; x \notin z\}$, 另一类是以自己为元素的集. 现问 ω 属于哪一类? 如果属第一类, 则 ω 是不以自己为元素的集合, 所以 $\omega \notin \omega$, 以后一个 ω 为第一类的记号, 可见 ω 恰好不属于第一类. 如果不属于第一类, 即 $\omega \notin \omega$, 则它恰好适合第一类的定义性质, 从而 $\omega \in \omega$. 这里的问题何在? 这两个悖论有一共同特点, 即在命题之中涉及命题自身. 这种情况称为"自指"(self-reference). 罗素在书中说:"分析一下这些应该避免的悖论就可以看到, 它们都来自某种坏的循环(vicious circle). 所说的坏的循环来自假设某些对象的一个集合可能含有一些元素, 它们只有通过集合整体才能定义. ②"因此, 罗素想出了"类型论"(theory of types)来解决这个困难. 简单地说, 我们不妨称个体 $a, b, c, \cdots$ 为 0 类;由 0 类元素所组成的集合称为 1 类, 例如 $\{a\}, \{a, b, c\}, \cdots$ 都属于 1 类;以 0 类、1 类的对象为元素所组成的集合称为 2 类;仿此以往, 任何一个集合都只能以较低类的对象为元素. 这就避

---

① 关于逻辑悖论, 作者愿推荐一本很严肃而十分有趣的小书:《这本书叫什么?》(R. M. Smullyan, *What is the Name of this Book*? Prentice Hall, 1978)中文本是康宏逵译的, 上海译文出版社, 1987. 书中引入一系列逻辑谜题, 从最简单的悖论一直讲到哥德尔定理. 一本通俗书写到这样的水平, 才是平淡之处见真功夫.

② 转引自 G. T. Kneebone, *Mathematical Logic and the Foundations of Mathematics*, Van Nostrand, 1963, 113 页.

免了 $\omega \in \omega$ 之类的事情. 当然, 逻辑中还有其他的坏的循环, 因此类型论也发展得更精细, 例如有所谓同一类中的阶, 从而就很难说是很自然的了.

逻辑主义还有一个问题, 即它引用了一些公理很难为人们接受. 这里争论多的有: 无限公理, 对任一自然数都能找到更大的自然数; 选择公理, 前面已经讲过. 这两个公理都涉及存在问题, 而逻辑主义是主张一切对象均应由逻辑概念用显示定义导出, 显示定义与直觉主义者主张的构造方法是很相近的, 而这里的 "存在" 则显然是非构造的. 所以罗素本人在引入这两个公理时自己也感到难以说它们是逻辑公理. 引起最大困难的是 "化约公理"(axiom of reducibility), 大意说不同阶的类可以化到最低阶. 什么是阶这里就不说了, 但大家都可以看到, 这里是有点不讲道理了, 反正需要什么就假定什么. 所以在《数学原理》第二版(1925 年)中, 罗素也放弃了这个公理, 但他一直以为可以找到出路. 对于逻辑主义的成就如何, 不是作者有资格说三道四的. 当然, 罗素作为一代逻辑大师, 他的影响还会长远存在, 正如同他反对康德的思想, 而康德思想的影响也将长远存在一样.

这样我们就要来介绍另一个学派——直觉主义学派. 不妨认为它是作为逻辑主义学派的对立物而出现的. 19 世纪数学的发展, 一个重要的特点是它的研究对象中出现了大量的 "人类悟性的自由创造物". 这样, 数学研究中出现了越来越甚的抽象性. 我们漫步在抽象概念的世界中, 越来越甚地依靠逻辑的指引, 依靠公理化方法. 如果没有这些, 数学家就可以爱怎么说就怎么说, 数学也就不成其为数学了. 不妨说逻辑主义和下面将要介绍的形式主义乃是数学这一特点在研究数学基础时的表现. 可是数学又不仅有这一个特点. 克莱因在讲 19 世纪数学史(他有一本名著:《19 世纪数学发展史》, F. Klein, *Vorlesungen über die Entwicklung der Mathematic in 19 Jahrhundert*, 1926—1927, 可惜德文原书能读者不多)中黎曼的贡献时有一段话:[1]

① Weyl. H. *Axiomatic Versus Constructive Procedures in Mathematics*, Math. Intelligencer, 7:4(1985)10-17. 中译文:《数学中公理方法和构造方法之我见》, 数学译林, 1988, 第 4 期, 330-340 页.

"无疑,对于任何一座数学的理论大厦,其命题的严格证明是它的基石.放弃这些证明,那就无异于说,数学的一切都由它自己说了算.可是,能搜索到新问题,并明确提出新的、意料不到的各种结果与联系,永远是天才们创作的秘诀.没有新观点和新目标的不断揭露,数学在追求严格的逻辑推理中,很快就会筋疲力尽,并将由于缺乏新材料而开始停滞不前.所以,从某种意义上说,数学主要是由那些能力在于直觉方面而不是在逻辑的严密性上的人们所推进的."

不妨说,直觉主义恰好反映了数学的这一特点.

直觉主义思潮来源已久,最早的代表者应推德国数学家克郎内克(Leopold Kronecker,1823—1891).他对康托尔的无穷集合论十分厌恶.据说他的名言是:"上帝创造了整数,其他一切都是人造的."他根本不承认实数理论,所以,当林德曼(Ferdinand Lindemann,1852—1939)证明了 π 是超越数时,他说:"您关于 π 的漂亮的研究工作有什么用呢? 这种无理数既然不存在,又为什么要研究它呢?"20 世纪初的一批法国数学家,如波莱尔(Emile Borel)、贝尔(René Baire)、勒贝格(Henri Lebesgue)虽然赞成实数理论,但都反对选择公理.庞加莱则认为根本没有必要把实数理论公理化.这批数学家都有直觉主义倾向,但却没有系统的理论.系统地提出直觉主义理论的是布劳威尔(L. E. J. Brouwer,1881—1966),其后则有外尔(Hermann Weyl,1885—1955).下面我们简单地介绍一下这个理论.

直觉主义者认为数学是人类心智的自由创造的活动功能的产物.它的来源是人的直觉.人用语言(不论是自然语言还是形式语言)来传达自己的数学思想,但语言并不是数学的表现,更不是数学自身.关于直觉的问题使人们想到康德,其实更早的笛卡儿讲到数学来自人的良知(第一章 1.4 节)也与此相近.直觉主义思想确与康德有相通之处.非欧几何虽然已经使康德关于几何学是先验综合判断的说法很难立脚,但他关于时间概念的先验性,以及自然数概念来自时间概念——由事件的依次反复出现产生自然

数——的说法,不少数学家如哈密尔顿,以及哲学家,如叔本华
(Arthur Schoppenhauer,1788—1860)都同意. 布劳威尔亦作如是
观. 布劳威尔还认为数学知识本质上是综合的,即由各种元素来
构造真理而不是按逻辑推演出真理. 数学知识的最基础的砖石就
是从 1 开始的自然数,然后需要研究的就是人的直觉由此逐步构
造出一切数学对象(但是,奇怪的是布劳威尔认为综合几何并不
在人的直觉的完全控制之下,因而属于物理科学). 因此,他认为
存在性就是可构造性(请比较欧几里得的《几何原本》,见本书第
一章 1.2 节). 若不然,讲存在性就好比告诉了有宝藏但不告诉在
什么地方,因此是一点用也没有的,是一种形而上学,因此应从数
学中驱逐出去(外尔语). 同样,他们对逻辑的看法也与逻辑主义、
形式主义完全不同. 逻辑不能成为数学的基础,而只是数学的一
部分,逻辑定理只不过是极端、广泛、普遍的数学定理. 逻辑处理
的是语言,而语言又远非数学本身,所以,数学中最重要的进展也
非来自逻辑的严整而是来自直觉. 所以,布劳威尔反对公理化和
逻辑主义. 数学既然不必那么尊重逻辑,所以即使有了悖论也没
有什么可怕. 这是逻辑学出了问题,而不是真正的数学出了问题.
相容性是一个小鬼,不必去管它,正确的思想自然会带来相容性,
而思想的正确与否,人的直觉自然会判断. 数学不需要什么基础,
它的基础就是人的直觉能直接体验而接受的(请比较笛卡儿认为
数学的出发点应是人心所认为"清晰而判然"(clear and distinct)的
事实). 布劳威尔比较直觉主义与形式主义关于数学知识的确切
可靠之根源何在时尖刻地说:[1]

　　"直觉主义者说:在人类的心智中;形式主义者说:在
纸上."

　　直觉主义者关于无穷的看法是只承认数无穷,只承认"潜无
穷"(potential infinity 与"实无穷"actual infinity 相对立的概念,二
者之争最早来自亚里士多德),甚至有时直觉主义者认为

---

① L. E. J. Brouwer,Intuitionism and Formalism,见 P. Benaceraf and H. Putnam,*Philosophy of Mathematics*,67 页. 这是布劳威尔 1912 年 10 月 14 日在阿姆斯特丹大学的著名的就职演说.

　　"任意大的正整数"这个概念也是人的直觉无法接受的.外尔说:"超过任意的已经到达的界限的数列……是通向无穷的许许多多的可能性;它永远处于创造的状态中而非已经自身存在的完成了的领域.我们盲目地混淆这两点正是我们的困难包括二律背反(悖论)的真正根源——这个根源比罗素所说的坏的循环具有更根本的意义.布劳威尔使我们打开了眼界,他使我们看见了,由于对于人类绝不能实现的绝对之信念,经典数学已经远离了以明显性为基础从而谈得上真正有意义、具有真理性的命题."

外尔又说:

　　"按照他(布劳威尔)的观点并且参照历史,经典逻辑是由关于有限集合及其子集合的数学抽象而来的.……后来人们忘记了这个有局限的起源,错误地把逻辑放在高于先于整个数学的地位,并且没有根据地把它应用于关于无限集合的数学.这是集合论的堕落和原罪①,所以它理当受二律背反(悖论)的惩罚.值得奇怪的不是出现了这种矛盾,而是它们出现得这样晚."②

　　出于这样的观点,直觉主义反对逻辑学的排中律.由于这个观点几乎是常人难以想象得到的,我们不妨看一个例子.现在定义两个整数 k 与 $l.k$ 是素数的同时也使得 $k-1$ 为素数的数.大家立刻可以看出 $k=3.l$ 或者是最大的孪生素数(连续两个奇数均为素数,如 $(3,5),(5,7),(11,13),(17,19),\cdots$ 有没有最大的孪生素数是数论中一直没有解决的问题).如果最大孪生素数不存在,则令 $l=1.k$ 的存在不成问题,但直觉主义者不承认 l 之定义是有效的、合理的,因为它没有给出实际构造 l 的方法.持经典数学观点的人可以说,迟早有一天人们会解决孪生素数问题,那么按你们

---

　　① 这里引用了《旧约·创世纪》的故事:亚当因吃了智慧之果而有了罪,被逐出了伊甸园,所以人生而有罪.基督教把这叫作原罪和堕落.

　　② 这两段话转引自 M. Kline, *Mathematics: the Loss of Certainty*, Oxford University Press, 1980, 235 页与 237 页.

直觉主义者看来今天不能作为定义的命题,也许明天大梦初醒又能够用作定义了? 直觉主义者回答:你的这篇高论实际上承认有这么一回事在,因而有朝一日可以用它作定义.但是在人的心智之外承认"有这么一回事在",承认在人的心智之外的某个世界里$l=1$或者另外什么数,这就带有形而上学的气味了.一个数学的论断应该是肯定已经可以完成的某种数学构造而不应依赖于这样的论断.经典数学的支持者的论证方法:或者最大孪生素数存在,或者不存在,二者必居其一(这就是排中律).所以上述关于l的定义是有效的,直觉主义者既然否定上述定义的有效性,当然就要否定排中律.在直觉主义者看来,某一个对象或具有性质A,或具有性质$\neg A$,这是没有问题的;对一个有限集合中的各元素,因为可以逐个验证而知:或其中所有元素均具有性质A(全称判断),因而说A对此集合成立,或其中某些元素具有性质$\neg A$(特称判断),因而说A对于该集合不成立,这也是可以的.总之,排中律只适用于有限集合.对于无限集合,当我们没有实际的构造法以证明上述全称判断不成立甚至会产生矛盾时,怎么就知道一定有某些元素使$\neg A$对之成立呢? 所以,不能无条件地应用排中律.这样我们看到,直觉主义者是把可构造性放在首位,而没有可构造性的纯粹存在性就好比找不到银行的支票,只是废纸一张.

　　直觉主义者反对纯粹存在性论证,就必然要否定经典数学的许多公理、定理、方法,诸如选择公理、超限归纳,乃至连续统概念.那么,经典数学也就所余无几了.这是形式主义者反驳直觉主义者的一个最有力的"论据".但真正说来,这不算是论据.如果一个理论真的站不住脚,再舍不得也应该丢掉,破釜沉舟,再造河山就是.他们确是这样做的.1982 年,希尔伯特的弟子勒维访华时曾向作者讲了这样一件事:当年布劳威尔应邀访问哥廷根大学时,听众希望他讲一下自己的不动点定理——任何一个把n维球体映到其内的连续映射必有不动点存在.这是一个极有用处的定理,但是,是一个纯粹存在性定理.尽管如此,一个人一生能找出一个这样的定理也就平生无憾了——布劳威尔因为它没有给出不动点的构造方法而认为是"毫无意义"的,不肯讲,而他讲的直觉主义又是听众们不肯接受的.听众说:"我们就是要听你那个'毫无意义'的东西."直觉主义者确实是曲高和寡,他们真的着手重新建立构造性的微积分等,而且确有所成,虽然太缓慢.由于他们采取这样的立场,所以大多数数学家感到难以接受.连布劳威尔不动点定理也得丢掉,这太叫人伤心了![1]

20世纪20—30年代是关于数学基础的大争论的年代,唇枪舌剑,使整个数学界异彩纷呈.大约同一个时代也是物理学界大论战的年代——围绕着量子物理——这里面是不是有某种联系呢?与当时的社会文化背景有什么关系呢?这是很值得探讨的事.但是,这里面却有不少感人的事.外尔是希尔伯特的弟子,却反对希尔伯特,但是他对自己的前辈又十分尊重.请读者有机会时一定去找一下外尔为希尔伯特写的讣文[2],就可以看出他对希尔伯特的形式主义给出了很高的评价.这使我们想到了"文人相轻"的说法."文人相轻,自古而然"出自曹丕《典论·论文》,其实是很自然的事:"家有敝帚,享以千金","各以所长,相轻所短",文化和科学不就是这样进步的吗?曹丕对建安七子分别做了评论,也许在今天会给自己惹来无穷无尽的麻烦.但是再读一下曹丕的《与吴质书》,他对当年与建安七子诗文相聚的好日子的深切怀念,对逝去的友人的最真挚的友情,不是到今天还令我们感动的吗?看来,"文人相轻"并不可怕,可怕的是"文人无文","文人无行".也许来一点"费厄泼赖"(fair play),也就不错了.

记得叔本华说过一段大意如下的话:人生的前三十年是在写一本教科书,后三十年是在修订这本书.前半生是创造的年代,后半生是反思的年代.现在硝烟已经散去,大家都在搞数学,各派的成果都成了数学——特别是数理逻辑——宝贵财富的一部分.可是分歧依然,甚至更深刻了.我们在外尔的遗著中找到一篇未发表的《数学中公理方法与构造方法之我见》(数学译林,1988年第

---

[1] 据说,布劳威尔不动点定理现在已经有了构造性的证法.这里讲的访问,《希尔伯特》一书231-232页中有所记载.

[2] 请参看 E. Cramer. , *The Nature and Progress of Modern Mathematics*,由舒五昌等译为《大学数学》一书,复旦大学出版社,1987年出版.621-625页有此文部分译文.接下去又是别人为外尔(韦尔)写的讣文,也值得一读.

四期,330-340 页),今天读起来就更有兴味了.从这里可以看到,数学基础的研究实际上是对数学的一种反思.数学本身就有两个侧面:公理化方法、构造性方法各自强调一个方面.因此实际上,倾向于哪一个方面是一个气质问题、风格问题."不识庐山真面目,只缘身在此山中."考虑数学不但要考虑到具体的技术性成果,还要考虑到文化因素、学术标准与个人好恶等大量复杂的问题.有些人总爱"批评"别人的片面性,讥之为"盲人摸象".但是对数学的整体谁又敢说自己不是盲人呢?自己不能见象且又不肯下工夫去"摸"象,还要讥笑别人之盲,不是稍欠自知之明吗?其实数学基础的研究是最接近于一般文化的考查了.数学在这里与一般的文化开始融合起来.有不同风格的数学正如有不同风格的文学、不同风格的音乐一样.直觉主义者强调直觉,许多人不以为然,可是人究竟是怎样创造数学呢?这里面难道只有心理学的问题吗?所以这样争论是永远不会完结的.外尔在文末说:

> "现代数学研究的很大部分,是建立在构造方法与公理方法的一种巧妙的融合之上的.我们应当愿意去注意一下它们之间的交错关系.但是下述的诱惑是巨大的,不是所有学者都抵制得住的,它就是:只采用这两种观点之一作为纯正的、基本的思维方式,而让另一个只是处于从属的地位.……说实话,我是喜欢倒向构造论那一边的.所以,我现在要花点力气才能朝着相反的方向,把公理体系置于构造方法之前;但是,正义感看来要求我这样做."

无论如何,直觉主义是十分奇妙而诱人的.

这一节已经太长了,我们只好把形式主义放在下一节来讲.而且这样做更自然一些.

2.7　数学的"失乐园"——哥德尔定理意味着什么?

数学基础研究中最有影响的学派是希尔伯特所创立的形式主义学派.希尔伯特(David Hilbert,1862—1943)是 20 世纪初最重要的数学家,关于他的一生有一本十分生动的小书:《希尔伯特》(C. Reid,Hilbert,Springer-Verlag,1970.有袁向东,李文林的很出色的中译本,1982 年由上海科学技术出版社出版). 1898—
1902 年,他的兴趣在几何基础论上,其成果《几何基础》一书,在第
一章 1.5 节已详细介绍了.其实他当时就已经在考虑整个数学的
基础问题了.在更早的时候,当他听了赫尔曼·维纳(Hermann
Wiener,不是控制论的创始人诺伯特·维纳 Norbert Wiener)关于
几何基础的讲演后,说在一切几何命题中"我们必定可以用桌子、
椅子和啤酒杯来代替点、线、面",①这已泄露了后来他的形式主义
思想的消息了.这以后大约有二十年,他没有把主要精力放在数
学基础的研究上,但从 1922 年(他 60 岁)以后,他主要的贡献却
在这一方面.他在他的学生阿克尔曼(Wilhelm Ackerman,1896—
1962)、贝尔奈斯(Paul Bernays,1888—1978)和冯·诺伊曼的协
助下提出了形式主义纲领,这是直接为了反驳直觉主义而想挽救
整个古典数学.他说过:"禁止数学家使用排中律,就好比是禁止
拳师使用他的拳头."1922 年,他在汉堡一次讲演中指出,由悖论
引起的数学危机必须要解决.但是,"功绩卓著的一流数学家外尔
和布劳威尔却通过错误的方式来寻求这个问题的解答.……他们
要将一切他们感到麻烦的东西扫地出门,以此来挽救数学.……
他们要对这门科学大砍大杀.如果听从他们所建议的这种改革,
我们就要冒险,就会丧失大部分最宝贵的数学财富."总之,余下
的只是"残缺不全"的数学,这是希尔伯特所不能接受的.但是,希
尔伯特提出的另一种方案,其实就是抛弃全部数学的人们一直认
为其所具有的"意义",只留下完美的形式,以此来挽救全部数学.
一个是丢掉大部分数学来逃避悖论,一个是丢掉数学的全部"内
容"来逃避悖论.但是,悖论真是魔鬼吗?当我们在本书之末看到
这两个学派有可能殊途同归,真会感到无比的惊喜.

形式主义对逻辑主义的批评却更心平气和得多.希尔伯特早
就指出,罗素用逻辑概念来定义自然数时,已经不自觉地用到了
自然数概念,因此是循环论证.他同意应该接纳无限集合,但是,
罗素的无限公理并不是逻辑公理而是数学公理.逻辑和数学是并

---

① 这件事和一些关于希尔伯特的故事,如无特殊声明,均转引自上述《希尔伯特》一书.

列的、独自的学科,因此,除了逻辑公理外,还需要有数学公理.至于逻辑公理方面,希尔伯特所采用的与罗素所采用的大体相同.

冯·诺伊曼把希尔伯特的形式主义纲领大体归结如下:①列举一些最原始的数学和逻辑符号,例如,$\neg$(否)、$\vee$(或)、$\wedge$(与)、$\rightarrow$(蕴含)、$\exists$(存在),但是,他没有采用$\forall$(一切,所有,即全称量词),因为这可能导致悖论.其次是要能刻画那些"有意义"的公式(但并不一定是"真"的公式,例如 $1+1=1$ 是有意义的,但非真),与无意义的公式,例如 $1+1=\neg\rightarrow$.这样,全部数学都已经形式化了.再次,给出联结这些公式成为一个证明的程序.具体说:规定一些无疑义的、以"有穷"(finitary)方式刻画的公式作为已证的公理,然后承认假言推理(若 A 和 $A\rightarrow B$ 均已得证,则 B 也得证.A、B 都是有意义的公式).这样,什么叫证明,什么是可证都得到完全严格的定义.最后,也是最核心的问题是要用"有穷"的方式讨论这样一个形式系统是否为相容.按照希尔伯特采用的逻辑规则,只要能证明在这个形式系统中不会出现 $1=0$,则它一定是相容的.其实还有一个更复杂的问题,即判断一个已给的有意义的公式是否可用一种一般的有穷程序证明的问题,称为判定问题,我们就不讨论了.这里反复用到"有穷"这个词.在希尔伯特与贝尔奈斯合写的《数学基础》(*Grundlagen der Mathematic*,2 Vols,1934)里解释如下:"我们恒用'有穷'一词来表示:所涉及的讨论、断言和定义都是在对象完全可以产生,过程完全可以实现的界限之内,即可以在具体考察的范围内实现."

为了实现这个纲领,希尔伯特提出了"元数学"(metamathematics)的理论(旧的名称是"证明论").可以说,元数学即在数学作为一个形式公理系统之外来讨论数学.数学是用无意义的符号进行的"游戏",它的命题是没有含意的公式.但元数学的命题则不然,它们是有含意的.下面我们举一个例子.设某形式化算术含有四个公式:$1+1=2,1+1=3,y>2,3>2$.它们都是数学公式,"有意义"但不必为真.$1+2+3+y+=+++>$ 都只是无意义的

---

① J. von Neumann, The Formalist foundations of Mathematics,见 P. Benecerraf and H. Putnam, *Philosophy of Mathematics*,50-54 页.

符号,它们可以是"桌子""椅子""啤酒杯""酒徒"等等.但下面则是有含意的元数学命题,它们不是"游戏规则":"y"是一个变量;"1,2,3"都是数;"3>2"可由"$y>2$"中将"y"代以"3"而得;"1+1=3"是有意义的公式但不真.元数学的作用可以用一个比喻来说明.例如,想要研究英语作为一种语言的效用,就应该用另一种语言,例如中文来讨论它.因为英语可能自身就有某种局限性,使得我们没有办法把英语的效用真正用英语讲清楚.

值得注意的是,希尔伯特在元数学中采用了一种特殊的逻辑,非常接近于直觉主义者所能接受的:例如,反证法、超限归纳法、选择公理、实无穷集都在禁用之列.希尔伯特这样做自然使得即令直觉主义者也无法反对,把立论放在完全可靠、无懈可击的基础上.我们可以这样比较形式主义与直觉主义:二者都共同承认这样一种逻辑,直觉主义者把它尽量扩大到整个数学,凡不适合者则逐出数学之外;形式主义者则把它尽量缩小到元数学,并以此来讨论极为广泛但没有任何具体内容的形式化的数学.

形式主义纲领的核心问题是相容性问题.后来还提出了完全性问题,即一个形式系统中的一切有意义的公式是否必可证明其为真或为伪(可否证).希尔伯特是乐观主义者.在1925年一篇著名的论文《论无限》(*Über das Unendliche*,原文是德文,见 Math. Annalen,95,1925,161-190 页,英译文 On the Infinite,见 Benacerraf,P. and Putnam,H.,Philosophy of Mathematics,134-151 页,从此文中可以十分确切地了解形式主义学说.)中说:

"作为可以用来处理基本问题的方法的一个例子,我愿选取一切数学问题均为可解这一论点.我们都相信它.吸引我们去研究一个数学问题的主要吸引力是,在我们心中总听见一种呼唤:问题在这里,去求解吧!你只要肯想,就能找到解答,因为在数学中没有 ignorabimus(不可知之物)."

关于相容性,他在同一文中说:

"在几何学与物理理论中,相容性的证明是通过把它划归到算术公理的相容性来完成的.但是这个方法显然不能用于算术本身的相容性.因为我们的以理想元素方法为基础的证明论使我们能完成这最后重要的一步,它就成为公理法学说的拱门之不可少的基石.我们已两次遇到过悖论,第一次是无穷小计算(微积分)中的悖论,第二次是集合论的悖论,再也不会出现第三次,永远也不会了.”

1927年他在“论数学的基础”一文中说:

“我力求用这种建立数学基础的新方法达到一个有意义的目标,这方法可以适当地称之为证明论,我想把数学基础中所有的问题按其现在的形式一劳永逸地加以消除,即把每一个数学命题变成一个可以具体表达与严格推导的公式,这样使数学推导和推理无懈可击,而又能对这整个科学给出一个充分的图像.我相信我能用证明论完全达到这个目标,尽管还要做大量工作才能把它完全展开.”[①]

希尔伯特持乐观态度是有理由的.不久之后,他已证明了一个狭义的算术(只包含自然数的加法)是相容的,也是完全的.1930年,哥德尔证明了一阶谓词演算是完全的.然而就在下一年 —— 1931年,同样是这个哥德尔,引爆了一个“原子弹”.在他的著名论文“论《数学原理》及相关系统的形式不可判定命题”(Über fomal-unentscheidbare Sätze der Principia Mathematica und Verwandter systeme Ⅰ,Monatsh. Math. Phys.,38(1931),173-198 页)中指出了希尔伯特的纲领是不可能实现的.他的主要结果可以表述为两个定理.哥德尔第一定理指出,若形式系统 S 是相容的,而且包含了自然数的算术,则此系统必是不完全的.即有某个在 S 中有意义的命题 A 既不能用 S 之公理与推理法则加以证明,亦不能用 S 中之公理与推理法则加以否证,即为不可判定命题.这就是说:相

① 转引自 M. Kline,*Mathematics:he Loss of Certainty*,Oxford University Press,1980,260 页.

容性必导致不完全性. 这当然是一个元数学的命题. 但是要注意, 希尔伯特的元数学采用的逻辑是一个很狭窄的逻辑, 是连直觉主义者也能接受的. 所以, 它对直觉主义者也是震动的. 那么, 有什么命题是不可判定的呢? 哥德尔第二定理说, 上述系统的相容性就是不可判定的. 这样一来, 人们多年追求的目标只不过是镜中花, 水中月! 既然存在着不可判定的命题, 则肯定此命题或否定此命题均可, 均不致引起矛盾. 所以, 既可以用此命题也可以用其反命题作公理而得到两个不同的形式系统, 正如既有欧几里得几何, 又有非欧几何一样. 但是, 即令增加了一个公理, 又会有新的不可判定命题, 又会有新的"非欧几何". 这样一来, 原来大家都认为自己是追求真理的, 现在"真理"在哪里呢? 无怪外尔说: 上帝是存在的, 因为数学无疑是相容的; 魔鬼也是存在的, 因为人们不可能证明相容性.

暂且放下这个问题, 我们来说一下证明哥德尔第一定理的基本想法. 其实, 这里的核心问题仍然和前面的悖论一样, 是自指句. 我们可以按法国数学家理夏 (Jules Richard, 1862—1956) 于 1903 年提出的悖论来解释哥德尔的基本思想. 这个悖论的内容大体如下: 设有关于自然数 x 的命题, 例如"x 是素数", "x 是完全平方数", 设法把这些命题都排列一个序号, 例如"x 是素数"排成第 n 号. 现在有两种情况: 因为每个命题讲的都是自然数的性质, 而序号 n 也是自然数, 所以或者 n 不具有序号为 n 的公式之性质, 例如设此公式是"x 是素数"而 n 不为素数, 这时称 n 为理夏数; 或者 n 具有序号为 n 的公式所指的性质, 这时称 n 为非理夏数. 例如, 设公式"x 为完全平方数"之序号为 16, 则因 $16 = 4^2$, 故 16 为非理夏数.

然则考查下述公式: "x 为理夏数", 并设其序号为 n, 我们要问 n 是否是理夏数? 答案又是两难的: 如果 n 非理夏数, 则 n 应具有公式 n 所指的性质, 即 n 是理夏数. 如果 n 是理夏数, 则 n 不具有公式"x 是理夏数"所指的性质, 即 n 非理夏数. 总之:

$$n \text{ 是 (非) 理夏数} \Rightarrow n \text{ 非 (是) 理夏数}$$

这就是两难.

哥德尔在他的文章中指出,这个悖论与说谎者悖论的"这句话是谎话"有类似之处;我们也可以仿照它提出一个命题:"这个命题在形式系统 S 中是不可证明的",并且问上述命题可不可以证明? 如果用 A 表示上述命题,则我们是问:"A 在 S 中不可证明",是否在 S 中可证? 如果是可证的,即可以证明"A 在 S 中不可证明",则 A 在 S 中确实不可证. 如果 A 在 S 中不可证明,则我们确实证明了"A 在 S 中不可证";但这恰好就是 A(括号外的 A),可见 A 在 S 中可以证明. 这样我们得知 A 为不可判定.

怎样消除理夏悖论呢? 关键在于弄清数学和元数学的区别. 数学命题应该讲的是自然数的性质,例如"x 为素数"就是一个数学命题,它是一个完全可以用无意义的形式符号来表述的公式. 但元数学是讨论数学命题的,其中的符号有完全确定的意义. 例如{n 是理夏数}就是一个元数学命题,"理夏数"就不是无意义的符号. 所以,若将数学与元数学分开,则此悖论自然消解. 但若能将二者放在同一形式系统中处理,则仿照说谎者悖论的证法,可以得到哥德尔第一定理的证明.

这样就可以讲到哥德尔的重大贡献的关键何在. 元数学的发展实际上有两个阶段. 1930 年前,希尔伯特虽然提出了元数学理论,但他只是把例如自然数的算术完全形式化了,使得这些数学理论成为元数学讨论的对象,而他的元数学则相对说来还是朴素的、非形式的. 需要做的是使元数学也形式化. 哥德尔做到了这一点,这使元数学的发展进入了第二个阶段. 哥德尔的做法是引进了哥德尔数.

哥德尔把自然数算术的形式系统中的每个符号都对应于一个数. 例如"1"⇔1,"="⇔2,"¬"⇔3,"+"⇔5 等等(但是没有什么符号对应于 4). 所以,"1=1"就成了"1,2,1". 这里次序是重要的,例如"1,1,2"就相应于"1,1,=",这不是一个有意义的算术公式. 为了标明这种次序关系,哥德尔把素数按大小递增排列起来:2,3,5,7,11,…. 这样把"1,2,1"与它结合起来:

$$
\begin{array}{ccccc}
1, & 2, & 1, & \bullet & \bullet \\
\updownarrow & \updownarrow & \updownarrow & \updownarrow & \updownarrow \\
2, & 3, & 5, & 7, & 11,\cdots
\end{array}
$$

而得一个自然数 $2^1 \cdot 3^2 \cdot 5^1 = 2 \times 9 \times 5 = 90.90$ 就称为 $1=1$ 的哥德尔数.不但一个公式可以有哥德尔数,而且一个证明也有哥德尔数.例如,$2^{900} \cdot 3^{90}$ 就是由 900 和 90 为哥德尔数的两个公式构成的证明.这样,不指定具体意义的符号、公式乃至证明全都算术化了,即均有一个哥德尔数与之相对应.但是,并不是一切自然数都是哥德尔数.例如,$150 = 2 \times 3 \times 25 = 2^1 \cdot 3^1 \cdot 5^2$ 表示的是"1,1,2",即"1,1,=",这并不是算术公式.

我们再来看一下理夏悖论.它是涉及自然数的命题,而且可写为"$x\cdots$".x 称为逻辑变元,它可以代表任意的自然数,即其域为自然数集.这种含有逻辑变元的句子称为开句.我们用它的哥德尔数与之对应:

$$n \Leftrightarrow \{x\cdots\}$$

要问 n 是否理夏数,只要将 n 代入开句中,即在开句中把 x 换成 n,再看所得结果是否为真.

哥德尔指出这里有两个概念.一是"可证明",即指其命题在该形式系统中可以用此系统所允许的逻辑规则导出,因此,是系统内的概念.另一是"真",这是讲该命题在此系统的某个解释下是否成立,因而是系统外的概念,因此是元数学概念.哥德尔的方法可以用于所有这样的形式系统,其中可以定义"可证明",而且"可证明"的命题都为真.哥德尔将元数学也算术化以后,就作出了这样一个形式系统,并在此系统中作出一个命题 G,其哥德尔数设为 m,而 G 就是:"哥德尔数为 m 的命题不可证明."

哥德尔把理夏数称为"有麻烦的"数,即一个哥德尔数 m 为"有麻烦的"数,如果 m 并不具有它所代表的公式中所描述的性质.具体说,哥德尔只考虑含一个变元的开句:$\{x\cdots\}$ 而 x 之域是哥德尔数.若 x 是"有麻烦的"数,则记 $x \in T$,若 x 不是"有麻烦的"数,则记 $x \in \bar{T}$,$\bar{T}$ 是 T 的余集.即说:$k \in T$ 当且仅当若在相应于 k 的开句中将 x 换成 k,所得的公式不可证明.G 的作法如下:记开句 $\{x \in T\}$ 之哥德尔数为 m,则 $m \in T$ 就是我们所求的 G.

实际上,若 G 可以证明,则 G 所述为真,即 $m \in T$ 为真,m 是"有麻烦的"数,而 m 所代表的公式 G 不可证明.若 G 不可证明,则

按此假设 G 不可证明. 总之 G 是不可证明的.

同样可以证明 $\neg G$ 也不可证明. 实际上, 若 $\neg G$ 可以证明, 则其内容为真, 而 m 不是"有麻烦的"数, 即 G 可以证明. 但是在一个相容系统中, 不可能 $\neg G$ 可证而且 G 也可证. 这样可知 $\neg G$ 不可证明.

总之, G 与 $\neg G$ 均不可证明. 这就是不完全性——G 是不可判定命题.

下面讲一下哥德尔第二定理. 哥德尔把 {此系统是相容的} 这一元数学命题经过算术化, 变为系统内部的公式 C. 然后哥德尔证明了

$$\{G \text{ 不可证}\} \longrightarrow \{C \text{ 不可证}\}$$

但由哥德尔第一定理, G 是不可判定的, 因而 {G 不可证} 成立, 从而 {C 不可证} 也成立, 即"该系统的相容性不可证明"为真. 这就是说, 一个包含了自然数的算术的相容的形式系统, 其相容性不可能在系统内证明.

哥德尔第一定理表明, "真"和"可证明"不是一回事, "可证明"强于"真". 既然不可判定命题 A 与 $\neg A$ 均不可证明, 二者中又必定有一为真 (但直觉主义者并不同意这个看法, 因为他们不赞成无限制地应用排中律), 所以必有不可证明的真命题. 当然, 哥德尔第一定理是说在某一个相容的形式系统内, 有该系统无法证明或否证的命题, 但这个命题在一个扩大的形式系统中却是可能证明或否证的. 例如, 后来的根岑 (Gerhard Gentzen, 1909—1945) 在 1936 年就证明了算术的相容性——这本来是一个不可判定命题, 但是根岑扩大了希尔伯特的元数学中所允许采用的逻辑而应用了超限归纳法. 这样看来, 哥德尔的定理使我们明白了公理化方法的局限性: 在每一步上, 即对某一个具体的形式系统, 总是有不可判定的命题; 但是, 适当扩大这个形式系统又总可以证明或否证它. 哥德尔定理的发现曾使不少人感到数学的能力不像人们自己所想的那么了不起, 但是, 如果每一个具体的命题我们是可以证明或否证的, 则即令我们不能一劳永逸地判定该形式系统中一切命题, 人们也应该很满足了. 何况除了形式的方法以外, 还有

非形式的方法;除了数学的方法以外,还有非数学的方法.我们总是可以一步步地前进.这样,人类也应该满足了.

有不可判定命题存在,例如,平行公理在绝对几何中就是不可判定的,因而有了欧几里得几何和罗氏几何.那么,在数学中不还有许许多多的类似情况吗?是的,例如著名的连续统假设,就给我们带来了康托尔的集合论和非康托尔的集合论.是数学丧失了确定性吗?以上,我们常引用克莱因的一本很好的书,书名就叫《数学,确定性的丧失》.对这种看法,实在不敢苟同.一则,哥德尔定理乃至所谓"确定性的丧失",本身是非常确定的,是用非常确定的数学方法得出的非常确定的伟大成果:数学"非常确定"地"确定了"自己的"确定性"之界限.更重要的是,从历史上看,我们习以为常的确定性时常只是我们多年形成的定见(还是不用带贬义的"成见"二字为好).非欧几何的发现正好说明了这一点.究竟是"确定性的丧失"还是开辟了新境界呢?特别是前面讲到"真"与"可证明"的差别时说,如果不承认排中律,则命题 A 与 $\neg A$ 皆不可证明时,二者不一定有一为真.这就是说,有可能存在"真"与"非真"之外的另一个逻辑范畴.说到底,当数学中那么多"明显"的"真理"都已崩溃了时,逻辑的法则为什么一定要一成不变呢?

但是,这一切思考会引导我们到哪里?

三 "我从一无所有之中创造了一个新宇宙"

　　纯粹的理性思维王国里掀起的疾风暴雨终于将擦亮人类的眼睛.雨过天青,人看见的是什么? 数学的探索总有两个方面,一是探索宇宙的秘密,一是探索人类自己.其实二者是紧密联系着的.但在数学史上很难找到这样的人能同时在两个方面都登上高峰.因此,人们总认为有两种数学家:一种是数学物理学家,应用数学家,他们热忱地用理性捉摸天上的星辰,而对于理性思维本身的规律似乎不那么关注;另一种是纯粹数学家,他们关心数学本身的问题,关心数学的基础.特别是第二种人常是引起人们对数学非议的根源.因为,到了 20 世纪,公理方法不但是探讨数学基础的方法,而且成了日常的武器:任何一个数学家都会找到一个问题,自己设计一套公理,随心所欲地创造出种种数学结构,最终是开花不结果.哈密尔顿冥思苦想找到了四元数的乘法规则,其实他心里想的是物理问题.现代数学家可不必这样苛待自己了,他们不但不去问他们研究的结果在物理上说明什么,而且也不问这些工作对数学本身究竟有什么意义.但是,我们也不必为此而苛责于数学家.数学从事的毕竟是极为深刻艰难的探索,不但对只走了一小步的人不应讥嘲,就是完全走迷了路,甚至走了回头路,也是很常见的事.这些不结果的花终究是开在长青的树上的.而更重要的是:对物理世界的探讨不得成功,其原因时常在于数学本身的问题没有解决.数学研究最重要的工具终究是人的理性.如果说在实验科学中,要想得到好的结果就要制造出新的仪器,在这方面花工夫从没有人认为是浪费,在这方面的失败更会引起人们的同情,则在数学中我们正应该以同样的态度来看待研究那些最抽象的、似乎与实际全然脱离的问题的人.终究,解放了人的思想,擦亮了人的眼睛必然会带来报偿.真正令人惊奇的反倒是:报偿何以如此巨大? 一直大到:"从一无所有之中创造了新宇宙."

当高斯研究非欧几何的时候,他心目中考虑的是物理空间的本性.黎曼的思想完全是物理化的几何.到了爱因斯坦则成了几何化的物理,真可说是水到渠成.可惜的是我们没有可能去探讨量子物理是怎样生成的.但是很明显,没有数学带来的思想解放,就绝不会有全部现代物理学以及以它为基础的全部技术.

计算机的出现更是具有传奇性了.莱布尼茨和巴斯卡都有过关于计算机的思想,可是比之高斯关于几何与物理的关系的思想之深刻性和具体性,人们不能不怀疑,当时他们的思想有几分认真? 后来,数学逻辑似乎成了数学中最少为人涉足的领域,何况这里面"怪人"乃至精神病患者之多在数学各领域中毫无疑问是名列前茅的.可是正是这些玄妙到超出常人理智所能接受的程度的思想开辟了计算机时代的道路.

认识宇宙和认识人类自己这两个方面的结合,带来了科学技术历史和人类思想史上的新时代.所以我们愿以鲍耶依·亚诺什的名言:"我从一无所有之中创造了一个新宇宙"作为本章的标题.

3.1 弯曲的宇宙

我们已经看到,几何学的研究带给了我们多次的思想解放.以牛顿为标志的第一次科学革命使人类摆脱了上帝的统治.19 世纪数学研究的对象扩大到人类悟性的自由创造物,又使我们逐步摆脱了自己定见的束缚.人们开始用擦亮了的眼睛来看看自己生活于其中的宇宙,于是又开始了从牛顿向下一个高峰的进军.回过头来看一下,我们究竟攀登到了什么样的高度呢?

牛顿的空间是一只空空荡荡的大箱子,它是如此的平直而均匀,各个不同的方向没有一个有特殊的意义(这叫作各向同性),

欧几里得几何完全刻画了这个空间;时间则像一条平静无声地流淌着的小河.这个时空——即宇宙——是绝对的,是万事万物的舞台:"夫天地者,万物之逆旅;光阴者,百代之过客."太阳系是几个小小的孤独的小球,在无垠之中孑孑而行,一切都是命定的,现在只是过去的延长,将来又只是现在的变形,"阳光之下没有新东西",过去和将来是没有区别的.①人发现了宇宙的根本规律,后果却是给人类自己留下这样一个冷漠的、毫无生气的宇宙.拉普拉斯当年何等意气风发地宣称,他能用微分方程算出宇宙的一切,可是他如果算出了今天有渺小如我们的人也在对他指手画脚,难道不会感到凄凉吗?"天若有情天亦老",天是有情的吗?人是有情的吗?恩格斯不也说:"唯物主义开始憎恨起人类来了?"②科学的进一步发展,就是要打破牛顿的机械论,要把发展和事物的无限的联系科学地摆在我们的议事日程上.这里起决定作用的似乎是热力学和生物学.但是几何学的进步却打破了牛顿的时空观.既然欧几里得几何已经被取消了垄断权,还有什么事不能发生呢?

可是事情的开始却要具体得多,要从微分几何的出现讲起.用微分学去研究几何问题其实早从欧拉就开始了.现在我们要讲的却是高斯的《关于曲面的一般研究》(*Disquisitions Generales Circa Superficies Curvas*,1827).高斯关于微分几何的研究与他对于测量学的兴趣是不可分的,但是他在这方面的工作的意义远远地越出了测量学的范围,不但是标志了现代微分几何的诞生,而且其基本思想直接关系到人类对空间的根本理解.这个基本思想不妨这样来概括:曲面自己就是一个空间,它有自己的几何学,为了研究这个几何,可以把曲面局部化——这就是微分几何的意思,至于整体的研究则是后来的事了.这种局部的几何完全由两个"十分接近"的点之间的"距离"之性质来决定.这个空间是弯曲的,但是这种弯曲并不是我们肉眼直观的那种弯曲,而可以用一个函数来

---

① 我们不能展开这个问题了.真正把不可逆的时间之矢提到我们面前的是物理学家,特别是波尔兹曼.详见前引的普里高津等著《从混沌到有序》.

② 恩格斯,《社会主义从空想到科学的发展》,前引版本,383 页.

决定,这就是曲率.

高斯首先在曲面上引进了坐标,这就是图 60 上画的曲线网. 有一点和笛卡儿坐标是相同的,即可以用它来标定点的位置,例如图 60 上 A 点的坐标是 $(u,v)=(3,3)$. 但是这里没有原点,没有坐标轴,这个网的交角也不一定是直角,而且网格不是均匀的,时密时疏. 这个思想当然不是什么革命的,在高斯之前如欧拉早就应用了曲面上的曲线坐标了,而且地球上的经纬度就是由子午线和纬圈组成的曲线网下的坐标. 现在我们还没有距离. 但例如图上 A、C 两点都可以看成三维空间中的点,因此可以定义它的距离. 但还可以"限制"在曲面上看:如果 A,B,C 彼此很接近,不妨认为 ABC 是平面一小块,AB,CB 是两段直线. AB 之长与 Δu 成正比,不妨用 $f\Delta u$ 表示,BC 之长用 $g\Delta v$ 表示,当它们很接近时,我们习惯地用 $\mathrm{d}u, \mathrm{d}v$ 代替 $\Delta u, \Delta v$. 凡是学过一点微分学的人对此都不会生疏. 我们不是在讨论"微分几何学"吗? 同样,AC 之长也可以用 $\mathrm{d}s$ 表示. 利用余弦定律

$$AC^2 = AB^2 - 2AB \cdot BC\cos\theta + BC^2$$

即有

$$\mathrm{d}s^2 = f^2 \mathrm{d}u - 2fg\cos\theta\mathrm{d}u\mathrm{d}v + g^2 \mathrm{d}v$$

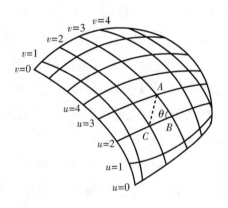

图 60

当然,我们还是没有摆脱欧几里得几何的束缚. 因为我们利用了欧几里得几何的余弦定律. 其实,我们从日常生活中也知道,距离可以有不同的定义法,例如对汽车司机,两个城市的距离可

以是"三个钟头的路",而较"长"的大路,可能因为路况好而被认为是距离较短,较"短"的小路反而是距离较长.所以高斯认为曲面上的距离一般可以写成

$$ds^2 = g_{11}du^2 + 2g_{12}dudv + g_{22}dv^2 \tag{1}$$

这里 g_{11}, g_{12}, g_{22} 可以是 (u,v) 的函数而逐点不同.当然,g_{ij} 应该适合某些条件,例如 $g_{11}>0, g_{12}^2 - g_{11}g_{22}<0$.式(1)称为曲面上的"度量".但是,曲面上可以有不同的曲线坐标,在不同的坐标系下,度量(1)的表示法也不同,所以我们在讨论曲面性质时,一定要使该性质不依赖于所采用的坐标系.

曲面上是没有直线的.但是代替它的有所谓"测地线".粗略地说,A 与 B 之间的测地线就是距离(按度量(1)的意义说的)最短的曲线.

然后,高斯研究了曲面的曲率——准确地应叫作高斯曲率.这也是一个由度量(1)决定的函数,即由 g_{11}, g_{12}, g_{22} 决定的函数.他还证明了一个极重要的定理:如果考虑以测地线为边所成的 $\triangle ABC$,则高斯曲率 k 在此三角形上的积分等于 $(\angle A + \angle B + \angle C) - \pi$,即

$$\iint_{\triangle} kds = (\angle A + \angle B + \angle C) - \pi \tag{2}$$

这是著名的高斯-邦尼(Ossian Bonnet,1819—1892)定理的特例(陈省身后来对这个定理有重要的发展,所以现在通称为高斯-邦尼-陈定理).例如对于平面,因为它不"弯曲",而 $k=0$,这时测地线就是直线,所以式(2)就是欧氏几何的著名定理:三角形内角和为 $180°$.前面我们就已指出了,它和平行公设是等价的.对于半径为 R 的球面,$k=1/R^2$,所以式(2)就成了球面几何中的著名公式:

$$\triangle ABC \text{ 之面积} = R^2[(\angle A + \angle B + \angle C) - \pi]$$

那么我们要问,如果有一个"负常曲率"的曲面:$k=-1/R^2$,则式(2)将成为

$$\triangle ABC \text{ 之面积} = -R^2[(\angle A + \angle B + \angle C) - \pi]$$
$$= R^2[\pi - (\angle A + \angle B + \angle C)]$$
$$= R^2 \cdot \text{亏值} \tag{3}$$

这个公式正是兰伯特早就"猜想"到了的.兰伯特说,如果能作一个半径为虚数 iR 的球,则此球面的 $k = -1/R^2$,这时自然会得到式(3).有没有"负常曲率"的曲面呢?有的,它叫作"伪球面",是"曳物线"(tractrix)绕 y 轴旋转而得的曲面(曳物线是这样得出的:如果有人在 O 点,用固定长 OA 的绳子拖一个东西,当此人沿 y 轴方向前进时,这个东西的轨迹就是一个曳物线).所以,伪球面上的几何学就是罗氏几何.这一点是由贝尔特拉米发现的.

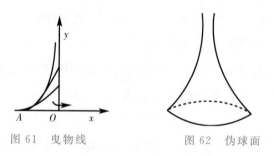

图 61 曳物线   图 62 伪球面

从以上的说法就可以看出高斯-邦尼-陈定理的重要性.但这个定理的意义远不止于此.它是局部性质和整体性质之间的第一个非平凡的桥梁.可以说,它是一个里程碑式的定理,而整体几何的研究又是现代宇宙学不可缺少的工具.可惜我们不可能在这里再说什么了,有兴趣的读者可以看《今日数学》中的一章"宇宙的几何学"(L. A. Steen(ed.), *Mathematics Today*, Springer-Verlag, 1978;上海科技出版社,1982).

高斯在证明高斯-邦尼-陈定理时,曾用到下面的重要定理:如果有两个曲面,其上分别有曲线坐标 (u, v) 和 (u', v') 以及相应的度量:

$$ds^2 = g_{11}du^2 + 2g_{12}dudv + g_{22}dv^2$$

和

$$ds'^2 = g'_{11}du'^2 + 2g'_{12}du'dv' + g'_{22}dv'^2$$

如果二者相等:$ds^2 = ds'^2$,则它们的高斯曲率必定相同.高斯把它称为"绝妙的定理"(theorema ergregium).这个定理可以解释为:曲面在经过"弯曲"后,只要 ds^2 不变,则其高斯曲率不变.这一点大大地超越了我们的常识.经过弯曲而曲率不变,那么弯曲意味着什么呢?我们的日常经验是,曲面只有放在三维空间中才说得上是弯曲的. 例如我们从上小学起就都知道,地球是球形的一个例证是:如果有一只船从远方来,我们视线(图 63 上的虚线)所及先看见的是船的桅顶. 但是这是由于我们的视线(虚线)已经离开了地球球面进入了包围着地球的三维空间,才使得这个例证有效. 如果我们只能生活在地球表面上而且不能向离开地表的空间瞭望,那又怎样了解地球是球形的呢? 现在有办法了. 我们只需在地球表面上选 A、B、C 三点(图 64),作测地线 AB, BC, CA,并且量出 $\angle A, \angle B, \angle C$. 如果 $(\angle A + \angle B + \angle C) - \pi = 0$,则我们生活在平面上,若它大于 0,则我们生活在一个有正曲率的曲面上,小于 0 是负曲率曲面的标志. 这就是说,"弯曲"是曲面本身内在的性质,它并不依赖于包围此曲面的空间. 也就是说,曲面本身就是一个空间,而不必是其他空间的一部分. 这个空间有它自己的几何学——内蕴几何学——曲率就是这个几何学的一个重要的量. 为了局部地研究这个空间,只需知道它的度量(1)就行了.

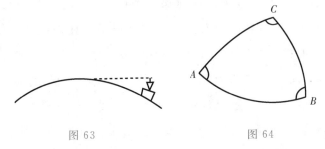

图 63　　　　　　　　　　　图 64

高斯工作的重要性其实超过了他自己的设想. 现在,有许多不同的几何是很自然的了. 它既不是由于我们先验地就可以感知到多种几何学(康德则认为我们先验地只能感知欧几里得几何学),也不是因为逻辑学的需要迫使我们考查多种几何学,而是因为我们经验地(物理地)会得到多种不同的空间,因而有多种不同的几何学. 至于我们生活于其中的宇宙空间有什么本性? 它的几何学是什么? 如果有人提出它不是欧几里得空间,也不是罗巴契夫斯基空间,现在人们不会感到奇怪了. 谁应该来回答这个问题? 物理学家!

真正把高斯这些深刻的思想展开的,是黎曼(Georg Friedrich Bernhard Riemann,1826—1866),他是高斯在哥廷根大学的学生.

他英年早逝,著述不丰,然而几乎每一篇论文都在历史上留下了痕迹.他兴趣所及远远不止数学,而十分关心数学与物理的关系,甚至企图把光与引力统一起来.他的许多具有根本重要性的著作都反映了这一特点.例如,他关于复变函数的几何理论的思想很可能来自平面电场的研究.他的重要发现:狄利克雷原理是一个得自电学的原理.狄利克雷(Peter Gustav Lejeune Dirichlet,1805—1859)是高斯逝世后在哥廷根大学继其教席的人.在 19 世纪中叶独立得到这个原理的数学物理学家有好几位.冠以狄利克雷之名的是黎曼,因为黎曼觉得他是从狄利克雷那里学到这个原理的.他关于几何基础的研究更是始终扣紧了空间的物理本性这个根本问题.总之,黎曼是数学史上可数的几个巨人之一.

由于他兴趣广泛而且对自己的著作要求极苛,所以他的博士论文《单复变量函数一般理论之基础》直到 1851 年才完成.高斯的评语如下:"黎曼先生的学位论文令人信服地证明了作者在本文涉及的理论中进行了彻底而深刻的研究,表现了创造性的、活跃的真正的数学心智,以及辉煌的富有成果的独创性."黎曼在哥廷根大学取得了"自费讲师"(Privatdozent)之职,这是一个没有薪水的教职,而全由参与上课的学生之学费中收取供给.这可能是教育史上最早的"承包制",希望当前力求创造教育史上"奇迹"的人能由黎曼的成就得到鼓舞.按规定,要取得此职的必须提交"就职论文".为此,黎曼于 1854 年写了《论用三角级数表示函数》.此文不但是三角级数(傅里叶级数)理论中奠基性的著作,而且黎曼积分概念也是在此文中提出的.按规定,黎曼还要作一篇"就职演说",他提出三个题目以供高斯选定,前两个题目他都有相当准备,可是高斯偏偏选了关于几何基础的第三个,这大概是因为高斯本人对此极有兴趣吧.黎曼只好极其紧张地来准备,当时他贫病交加,病愈后在七个星期之内完成了这篇空前的巨著,题为《论作为几何基础的假设》(*Über die Hypothesen,welche der Gemetrie zu Grunde liegen*).1854 年 6 月 10 日,黎曼在哥廷根大学哲学系作了这个演讲.

这一天应该是数学史上值得大书特书的一天.黎曼为使哲学

系那些对数学所知甚少的教授也能听懂,通篇几乎没有一个数学公式.然而由于其思想之深邃,不但当时,即使今天我们再来读也感到十分吃力.后来,黎曼的遗著发表之后,人们才知道,他为此文作了多少繁冗的计算.但是确实与众不同,据戴德金回忆,高斯认真地听了这篇演讲认为其成就大大超出了一切期望而十分激动.在回家的路上,他怀着极少有的满意心情,和威柏一起讨论着黎曼的思想的深刻.

黎曼的演讲是一篇数学-哲学论文.一开始他就指出:①

"众所周知,几何学事先假设了空间的基本概念,及在空间中种种构造的基本原理.它对这些东西只给出了唯名论的定义,其基本的规定则以公理的形式出现.这些前提之间的关系晦暗不明;我们不知其间是否必须有联系,此种联系之必然性到了何种程度,甚至无法先验地知道,是否可能有这种联系."

然后黎曼说,自欧几里得以来,不论数学家或哲学家都未能说明这一切,这是由于"多重广延量"——空间也是多重广延量(用现代语言来说即高维的广延性)——的本性从未被探讨过.黎曼就来从事这个工作.于是演讲的第一部分就讨论空间.他说:

"可以证明多重广延量可以有各种度量关系,而空间只是三重广延量的一种特例.然而由此必然可知,不能由量的一般概念导出几何定理,使空间与其他可以设想到的三重广延量相区别的性质只能由经验得出."

这篇演讲中凡说到经验之处都可以理解为物理——当然是广义的物理.所以,黎曼对待空间问题的基本思想是:不能从形而上学的议论出发,而必须从现实的物理关系出发.应该指出,高斯也有这个思想.在上一章我们引用过的高斯书信中可以看到.而在黎曼同时代的人——例如下面就要提到的克利福德和物理学家亥

---

① 这篇演讲有 Spjvak 的不甚严谨的英译本.见 M. A. Spjvak, *Comprehensive Introduction to Differential Geometry*, Vol. 2, Publish or Perish, 1979, 135-153 页.我们的引文都是据此.

姆霍兹(Hermann von Helmholtz,1821—1894)——中这种反康德的思想是相当普遍的.因此,现在的问题就是找出决定空间的度量关系的最简单的原理.但是可以有好几种不同的原理,欧几里得的系统即其中之一.在这里我们看得很清楚,黎曼是在试图说明应给非欧几何什么地位.黎曼的思想其实是回到经验,即回到物理.他说:[1]

> "这些原理并非逻辑上必然的,而是经验上确定无疑的,它们是假设;所以,可以研究它们的可信性,而在观察所及的界限之内,这种可信性无疑是很大的,然后就要决定,把这些原理推广到观察界限之外,无论向无限大或无限小方向推广,是否合理."

黎曼马上指出,不一定要限制于三维的情况而可以讨论 n 维空间.他说 n 维空间即一个 n 维流形——不过要注意,在黎曼的时代,并没有现代数学中流形的概念.黎曼用了 manifold 这个词(今译流形),似乎是按其原义"多样性"来理解的,意即空间的构造是多种多样十分丰富的,而不是牛顿所理解的空空荡荡的箱子.但是黎曼本人似乎对什么是流形已有相当理解.从本文后面来看,他似乎知道,流形是局部的欧几里得空间.而且他认为这对好几个数学分支都是不可少的,例如复变函数的多值性即如此.这里黎曼又很显然地讲到了黎曼曲面,这当然和牛顿的空间大异其趣了.这里极其重要的是局部化的思想.流形的特点是:它在每一个局部中都是欧几里得空间,但其整体则不然.所以黎曼对空间的研究是局部化的.

演讲的第二部分讨论空间中的度量关系.这里黎曼指出,最重要的是要给出一个度量.例如,欧几里得空间的度量即

$$\mathrm{d}s^2 = \mathrm{d}x^{12} + \cdots + \mathrm{d}x^{n2} \tag{4}$$

如果一个空间具有以上度量则称之为平直的.一般的空间不可能是平直的,它的度量应该写为

---

[1] 现代的微分几何中坐标不写作 $(x_1,\cdots,x_n)$ 而写作 $(x^1,\cdots,x^n)$,这里有很深的道理,现在不来说明了.

$$ds^2 = \sum_{i,j=1}^{n} g_{ij}(x)\,dx^i dx^j$$

$$g_{ij}(x) = g_{ji}(x) \qquad\qquad (5)$$

$g_{ij}(x)$是正定矩阵.由式(5)也可以看出,每一点 x 处的度量都不相同,因此,空间在每一点附近的性质是不相同的,这就是黎曼在他的讲演中一再提到空间的局域性(regionality)的原因.他还指出,一般地不可能把式(5)转化成式(4),因此,从本质上与平直空间不同.黎曼指出这些空间是弯曲的,然而,例如曲面的弯曲性是相对于包含此曲面的更高维(三维)空间而言的,应该要摆脱这个"包围的"空间.办法就是考虑曲面的一种变形,即让它弯曲、扭转……但要求度量不变.我们只要把经过这种变形的曲面看成是互相等价的,这种互相等价的曲面——空间——上有相同的几何学,这样就达到了把曲面和包围它的空间分开的目的.例如,平面和柱面就是等价的,因为例如一张纸,卷一下就成为柱面,而它的几何本性并没有变.另一方面,平面和球面本质上不同,因为,不经拉伸(度量改变了),是不可能把一张纸变成球面的.那么,离开了"包围的"空间,怎样刻画这些本质不同的空间呢?答案是利用曲率.因为,黎曼说,可以利用曲率的一个性质知道它在变形之下是不变的(高斯的"绝妙的定理").但在曲面的情况下,曲率的概念是"看得见"的,即未脱离"包围的"空间,现在想要摆脱这个更高维的空间,就必须利用曲率的内在的性质.这里黎曼指出了可以应用高斯-邦尼-陈定理.实际上,我们上面关于二维世界的讨论就是由黎曼的讲演套出来的.黎曼也把曲率的概念推广到 n 维流形,这里就不再说了.

现在我们想暂时离开本题讲一些闲话.通俗的科普著作,应该努力做到"通而不俗".可惜的是,搞得不好就会"俗而不通".玻尔曾经严肃批评过加莫夫(George Gamow)一本通俗小书《汤普金斯先生奇境漫游记》(似有中文译本),因为其中讲到一位先生在量子世界的密林中遇见一群猛虎而拔枪射击自卫,可是因为测不准原理的作用,子弹无法命中老虎而大惊失色.玻尔指出,他忘记了量子规律只有在微观世界中才会起明显的作用,量子世界里怎会有老虎呢？玻尔指出，这种科普著作最大的毛病就是在这类最关紧要之处给人以错误印象，严重的甚至会"俗而不通"．加莫夫是一位了不起的物理学家，玻尔的学生，又是出色的科普读物作者，尚且要受到自己老师的批评，我辈则更当以此为戒，千万不要干那些哗众取宠其实是自己丢脸的事．知识性和趣味性，首先要是真知，才能带来真正的趣味，即"通而不俗"．例如我们说到脱离包围的空间来看曲面，并不是闭上眼睛硬去设想这么一回事．数学科普书中也有一本相当有名的书《平面国》(*Flatland*)，说到一群生活在二维平面的几何图形的故事，想起来也是荒诞离奇，而且无法自圆其说．黎曼也讲到如何脱离包围的空间，但是他完全不是"硬想"，而是把度量相等而在包围空间中具有不同形状的曲面视为等价而不加区别，这样他就除去了包围空间的影响．他再用"绝妙的定理"找到了刻画这些等价曲面的几何量——曲率，利用它和其他曲面本身的量的关系（高斯-邦尼-陈定理）刻画了曲率作为内蕴几何量的特性．当我们初听到曲面作为一个空间的说法，时常感到高斯、黎曼了不起的想象力．进一步就知道，这种"想象力"是来自极艰苦的工作而得的数学洞察力，由此也更见他们的伟大．否则，"想象力"变成了"幻想力"，数学也就成了"神话"．"幻想"丰富的人多如过江之鲫，终究没有几个人在科学上有贡献，原因恐怕也就在此．下面还是回到正题．

黎曼讲演的第三部分：对空间的应用．即用上面所说来讨论我们生活于其中的空间．在第二部分中黎曼花了相当的篇幅讨论常曲率空间．平直空间是曲率为 0 的空间，在常曲率空间（球面，正曲率；伪球面，负曲率）中，几何图形总可以不变形地从曲面的一处滑动到另一处．我们从日常生活中也知道，可以从球面上剪下一小片，贴到同一个球面上而非常密合（但贴到另一个半径不同的球面上就不行了），其实伪球面也有这个性质．接着，黎曼问，决定空间性质的度量关系是否依赖于经验（物理）或在多大的程度上依赖于它．他说，对于连续的流形，由经验来确定度量关系总是不准确的，特别是在超出了观察的界限时更是如此．这里，黎曼提出了一个划时代的思想，即必须把空间的无限性和无界性（没有边界)区分开来.在认识外面世界时,不必要假设空间的无限性但总是假设了其无界性.例如球面是有限的,但有什么边界呢?(这里我们不是说球面是它所包围的球体的边界,而是说球面作为一个二维流形其本身没有边界.圆盘则不同,它也是二维流形,但是圆周是它的边界.)空间的无界性是一再被证实了的事,而空间的无限性则相反,例如正常曲率空间(球面是其一例)就一定是有限的.黎曼说,如果一个物体要能在空间中移来移去,空间就必须是常曲率的,而天文观测表明,此曲率不能为 0,因此,空间的有限性,例如球面作为一个二维空间那样,是相当普遍的.我们之所以看不到这一点,是因为曲率的倒数是一个面积,与此面积比较,我们的望远镜之所及也都小得可以忽略不计,这样人们很自然地把无界性和无限性混为一谈了.请读者把这和上一章讲到罗氏几何中的常数 k 比较一下即可了解这是什么意思.

近年宇宙论的研究常得出一个命题,即宇宙是有限的.这个命题招致了不少批判.其实论点只有一个:如果真正如此,宇宙以外是什么呢?难道不是上帝吗?其实,批判这个命题的人一直没有真正懂得什么是有限的宇宙,也不懂得有限的宇宙可以是无界的.所以宇宙的边界以外这个说法本身就不对.他们的空间观仍然和牛顿的空间观一样:空间是一个均匀而平直的空空荡荡的大箱子,也就是曲率为 0 的三维流形.这当然是过分的简单化,或称之为形而上学.

黎曼在讲演结束时说:

> "这些问题的答案只能由关于现象的某些概念出发才能得到,这些概念要由经验来证实,牛顿奠定了这些概念的基础,而在遇到它们不能解释的事实时,牛顿又逐步地修正这些概念.我们以上所作就是:由一般性讨论开始探讨.这样做只能保证这种研究不会受到过分局限的概念之妨害,而且不会因传统定见而难于理解事物的联系.

> 这里我们已经进入了另一门科学即物理学的领域,我们的讲演的性质使我们不能再深入一步了."

读完了由高斯到黎曼的这一段历史就可以看到,在非欧几何出现引起了疾风暴雨以后,高斯和黎曼的道路是回到物理,回到现实世界.非欧几何打开了人类的眼界,雨过天青再来重新看世界,就得到这样深刻的结论.这不是思想解放又是什么呢？要知道,这才是罗氏几何出世几十年的事,人们还普遍地不能接受它.而在这时黎曼竟然超前半个世纪,预告了广义相对论的出现,这正是"我从一无所有之中创造了一个新宇宙"！但当时至少有一个人理解这一点,他就是英国数学家克利福德(William Kingdon Clifford,1845—1879).他说：①

"事实上我认为：(1)空间的小部分有一种性质,类似于曲面上的小山,这曲面平均看起来是扁平的.(2)呈弯曲的或畸变的这种性质以波浪方式连续地从空间的一部分传到另一部分.(3)空间曲率的这种变化,确实如我们称之为物质运动的那种现象中所发生的情况一样,不管这种物质是有重量的还是像空气那样稀薄的.(4)在这个物理世界中,除了可能遵循连续性规律的这种变化之外,没有其他事情发生."

所以要想严格地研究物理,就要注意这些"小山"；要想真正理解物理空间的性质,就必须把物质与空间结合起来.这正是广义相对论的精髓.

可是离广义相对论的出现还有半个世纪.我们再利用这点空闲介绍一下克莱因的思想.他使我们能够把时间和空间统一起来.

在 19 世纪中,几何学研究的一个"热点"是射影几何学.这要从几何图形的变化——准确的说法是变换——说起.早在《几何原本》中就已经考虑到几何图形的变化——运动.第一章里介绍合同公理时就讲到一个几何图形在运动下不变的问题.后来,人们更确切地知道,这种保持几何图形不变的运动有平移、旋转还有反射——就是从一个镜子里看几何图形,那当然不会改变其形状(但

---

① 引文见克莱因,《古今数学思想》第三卷,315 页.克利福德原作标题是《论物质的空间理论》(On the Space Theory of Matter), *Proc. Camb. Phil. Soc.*,2,1870,157-158.

是严格地说还是改变了,例如左手在镜子里变成了右手,这叫作改变"定向"(orientation)).更进一步还有相似变换即放大或缩小,它改变图形的"大小"但不改变其形状.其实还有更一般的变换,例如切变(见图65)可以把矩形变成斜的平行四边形.还有在各个方向上以不同的比例拉伸,可以把圆变成椭圆,图66是沿 x 轴拉伸而 y 轴方向不变的例子.这样我们看见,在变换之下,一些原来以为是固定的界限消失了.例如圆和椭圆的界限消失了.

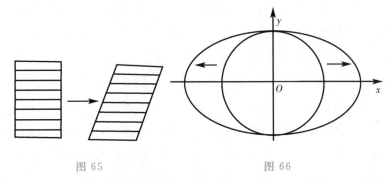

图 65　　　　　　　　　图 66

但是能不能找到这样的变换使得圆与双曲线的界线也消失呢?有的.例如作一个圆锥(图67),并且用位置不同的平面去截

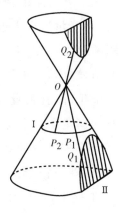

图 67

它,这样可以得出椭圆(圆是它的特例)、抛物线和双曲线.如果我们从圆锥顶 O 把平面Ⅰ上的圆向竖立的平面Ⅱ(用阴影表示)作投影, P_1,P_2 分别变成 Q_1,Q_2 ,而圆就变成了双曲线.这种变换称为射影变换.既然一切似乎固定的界限消失了,几何学还研究什么呢?研究变换下的不变量.既有各种不同的变换,就有各种不同的不变量,而研究它们就得到不同的几何学.例如平移、旋转

（可能再加反射）构成刚体运动，度量是它的不变量，相应的几何学叫作度量几何学．再加上切变、各向异性的拉伸等，得到仿射变换，它是仿射几何学的基础．连同投影形成射影变换，研究这种变换的几何学称为射影几何学．射影变换下的不变性有哪些呢？例如共线性（直线在射影变换下仍变为直线）、非调和比都是．在 19 世纪中叶，射影几何学曾被当作至少是几何学的中心．克莱因甚至证明了罗氏几何以及黎曼的正常曲率空间的几何学（通称为重椭圆几何）都是射影几何的特例．这个热潮当然已经过去，而研究数学中有哪些主题一时占据了中心位置然后又悄然隐去，如潮来潮往，当然是很有意思的事．但是克莱因的著名就职演说——又是一篇就职演说，这一次是为了取得爱尔朗根（Erlangen）大学的教职——却将长载史册，并称为"爱尔朗根纲领"［正式的标题是：《近代几何研究的比较评述》（*Vergleichende Betrachtungen über neuer geometrische Forschungen*，1872）］．他的基本思想是：每种几何都由一类变换所刻画．这种几何的对象就是这类变换下的不变量．可以据此研究各种几何的分类及其相互关系．我们之所以提到克莱因，主要的原因并不在于想介绍种种几何学，特别是射影几何学，而是因为变换下的不变量这个思想在物理上的重要性．

　　最早讨论不变性问题的是伽利略．我们在第一章中讲过他的著名理想实验——从航船的桅杆顶上抛石头．这里伽利略的思想是：如果有两个参照系Ⅰ和Ⅱ，而且彼此相对做匀速运动——注意，速度是向量，匀速是指此向量的大小与方向均不变——则我们没有办法用力学实验来区分哪一个参照系是运动的，哪一个是静止的．这是一个十分重要的原理，通称为伽利略相对性原理（爱因斯坦的狭义相对论则进一步提出，不但作力学实验不行，作例如电磁学、光学实验也不能区别它们）．所谓参照系就是一个坐标系（包括时间与空间），所以Ⅰ、Ⅱ就是两个坐标系 (x_1, x_2, x_3, t) 和 (x'_1, x'_2, x'_3, t')．Ⅰ和Ⅱ相对做匀速运动就是一个坐标的变换：

$$\begin{cases} x'_1 = c_{11}x_1 + c_{12}x_2 + c_{13}x_3 - v_1 t \\ x'_2 = c_{21}x_1 + c_{22}x_2 + c_{23}x_3 - v_2 t \\ x'_3 = c_{31}x_1 + c_{32}x_2 + c_{33}x_3 - v_3 t \\ t' = t - t_0 \end{cases} \tag{6}$$

这里,矩阵(C_{ij})要适合一定的条件.伽利略相对性原理就是:牛顿运动方程在变换(6)(以后称为伽利略变换)下不变.值得注意的是(6)中 x_1,x_2,x_3——空间坐标——和 t——时间坐标——的地位显然是不同的.(6)中第四个式子 $t'=t-t_0$ 是说,对时间只允许一种很特殊的变换:改变原点,即 Ⅱ 中时间的起点 $t'=0$ 是 Ⅰ 中的 $t=t_0$.这当然有些好笑,如同一个唐太宗的狂热追随者会坚持时间的起点是贞观元年,而不是耶稣诞生的那一年一样不足道.现在我们既已熟知什么是高维空间,自然可以把时间与空间放在平等地位上,而考虑更一般的变换了:

$$\begin{cases} x'_1 = c_{11}x_1 + c_{12}x_2 + c_{13}x_3 + c_{14}t \\ x'_2 = c_{21}x_1 + c_{22}x_2 + c_{23}x_3 + c_{24}t \\ x'_3 = c_{31}x_1 + c_{32}x_2 + c_{33}x_3 + c_{34}t \\ t' = c_{41}x_1 + c_{42}x_2 + c_{43}x_3 + c_{44}t \end{cases} \quad (7)$$

第一个在数学上提出时间和空间不可分的是德国数学家明可夫斯基(Hermann Minkowski,1864—1909).现在我们才有了统一的宇宙(宇是空间,宙是时间)而且它会是弯曲的!明可夫斯基把这个混同时空的宇宙称为"四维连续统",它才是物理事件的舞台.把时间与空间分开有什么自然的理由吗?没有.如果一定要分,也应该允许不同的分法.这些似乎是一些形而上学的玄想.但是,这是"新宇宙"的胚胎.在 19 世纪末 20 世纪初有许多物理学家和数学家都达到了这种思想高度.相对论要出世了,这是"从一无所有"之中创造出的"新宇宙".

3.2 相对论——牛顿时空的终结

把相对论单纯说成是数学观念的深刻变化的产物,太过分了.它终究是物理学的一部分,其直接的来源是要解决物理学中存在的矛盾,而且是以物理实验为依据的.但是说 19 世纪数学的发展直接为相对论的出现铺平了道路,这就没有言过其实了.这不仅是指当时数学的发展为相对论提供了必需的数学工具,而且是指相对论的时空观已经在相当程度上由数学家提出来了,或者可以说是已经由数学家预见了.这不但是指黎曼、克利福德这些人,而且在 20 世纪初已经达到相对论"脚跟前"的至少还有一批数学家. 庞加莱已达到了这个高度是众所周知的, 其实还可以举出希尔伯特(明可夫斯基就不必提了)和法国数学家阿达玛(Jacques Hadamard, 1865—1963), 也接近了这一思想, 可惜这些事都只是作为轶闻流传. (关于希尔伯特, 请参看《希尔伯特》一书, 上海科学技术出版社, 1982, 131-132 页. 关于阿达玛, 是由他的已故的中国学生吴新谋先生告诉作者的.)更重要的是从非欧几何的发现所带来的对人类直接经验的批判的、穷根究底的态度直接清扫了道路. 相对论已经呼之欲出.

牛顿以后经典物理学最重要的成就之一是马克思威尔的电磁场理论. 因此, 场的概念在物理上起着越来越大的作用. 两个带电粒子的相互作用(库仑定律)是由于它们在空间中形成了电磁场, 而场对带电粒子有作用. 这种作用不是超距的, 而是近距的: 带电粒子首先是受到紧靠着它的那一部分场的作用, 这个作用可以用微分方程来表示. 也由此, 空间不再是空空荡荡的箱子, 而是有物质的作用的, 这一点已经与牛顿的思想不同了. 如果电磁场在某一处受到了扰动, 则此扰动将以电磁波的形式传播, 其速度是有限的. 马克思威尔给出了电磁场的基本方程——这是一组偏微分方程, 并且预见了电磁波的存在, 光波也是电磁波, 而各种电磁波传播的速度都相同, 即光速. 真空中的光速(以下记作 c)大约是 30 万千米/秒. 但是, 人们习惯地认为, 波的传播一定要有介质. 这种介质人们称之为"以太", 它是一种人们设想的弥漫于整个宇宙的东西, 谁也说不清它有什么性质, 更重要的是, 谁也无法用实验肯定它的存在.

但是这个毫无内容的以太概念却与对空间本质的理解有关. 自古以来人们就懂得运动一定是相对的: 某个物体相对于其他物体而运动. 然而牛顿的物理学却是以绝对的空间、绝对的时间以及随之而来的绝对的运动为基础的. 这就是说, 有一个绝对的参照系存在, 牛顿的力学诸定律在这个绝对的参照系中成立. 这个

参照系称为惯性系.爱因斯坦说:[1]

> "光学曾假设存在一种同其他运动状态都不同的特
> 殊运动状态,这就是光以太的运动.所有物体的运动都应
> 该以光以太为参照才具有意义.因此,以太显示了自己是
> 绝对静止这一毫无意义的概念的化身.如果光以太真正
> 存在,并且以刚体形式充满整个空间,而所有运动都应该
> 以它为参照,那么我们就可以说有绝对运动,并且在这基
> 础上建立起力学来.但是,当目的在提示以假想的光以太
> 为参照的特殊状态的物理实验都失败以后,问题就应该
> 反过来加以考虑了.这就是相对论系统地做过的工作.相
> 对论假设不存在特殊的物理运动状态,然后研究从这个
> 假设出发在自然规律方面可以得出什么结论来."

否定以太存在的物理实验,最著名的是 1887 年的迈克耳孙
(Albert Abraham Michelson,1852—1931)-莫莱(Edward Morley,
1838—1923,二人都是美国的实验物理学家)实验.这是一个设计
得很好很精确的实验,其目的是,如果以太真正存在,则在地球穿
过以太运行时将会引起以太风,而使光在平行于此风或垂直于此
风的方向上传播时速度略有不同,这个差别将可由光的干涉显现
出来.结果是否定了以太的存在.这个实验可以说是 19 世纪中最
重要的物理实验之一,它的结果使人十分困惑.为了摆脱困境,著
名的荷兰物理学家洛伦兹(Hendrik Antoon Lorentz,1853—1928)
提出了一个假设,即一根刚性的杆如果以速度 u 平行于其自身而
运动,则其长度将要发生收缩:若静止时的长为 L_0,运动中的长为
L,则 $L=L_0\sqrt{1-u^2/c^2}$.这叫作洛伦兹收缩.为了解释其他的实验
结果,洛伦兹还提出了时钟变慢的假说:设在某个参照系(例如说
是地球)中观察到两个事件,其时刻是 t_1 和 t_2,现在在另一个以速
度 u 相对于此参照系做匀速直线运动的新参照系(例如说是飞船)
中观察到这两个事件发生的时刻是 t'_1 和 t'_2,则

---

[1]　见《相对论的认识论观点以及闭合空间一文》,《爱因斯坦文集》第一卷,商务印书馆,1976 年,117 页.

$$t'_1 - t'_2 = (t_1 - t_2)\sqrt{1 - u^2/c^2}$$

就是说,如果在飞船上观察到的时间差是 1 秒($t'_1 - t'_2 = 1$),则在地上观察到的时间差是 $1/\sqrt{1-u^2/c^2}$ 秒. 真是"洞中方一日,世上已千年." 洛伦兹提出这两个假设当然不是灵机一动而是有深刻的根据的,但总给人一种印象,以为它只是为了解释某种现象而作的十分牵强的"阴谋诡计". 但是爱因斯坦不作如是观. 1905 年,爱因斯坦发表了《论运动物体的电动力学》(*Zur Elektrodynamik bewegter Körper*)一文,系统地提出了狭义相对论,文中说道:

> "……对于力学方程成立的参照系(指惯性系),电动力学和光学的规律相同. 我们将把这个猜测(其要点今后将称为'相对性原理')提高到公设的地位,同时还要引入另一个公设,它只是在表观上与前一个公设不相调和,即光在真空中有确定的速度 c 而与发光体的运动状态无关. 若想要在马克思威尔关于静物体的电动力学基础上,为运动物体建立一个简单而相容的理论,这两个公设就已足够了."

从这里我们又看到爱因斯坦的方法完全是几何化的,他的出发点是两个公理:

Ⅰ 相对性原理. 在一切惯性系中物理规律(包括力学、电磁学、光学)都相同. 即说不可能通过任何实验(不只是力学实验,而伽利略相对性则只提到力学实验)区分出某一参照系是静止的还是在做匀速直线运动.

Ⅱ 光在真空中的速度恒为 c.

这两条公理在表观上是不相容的. 因为由经典的伽利略变换(其特例是

$$x'_1 = x_1 - ut, x'_2 = x_2, x'_3 = x_3, t' = t$$

以后凡讲到伽利略变换都是指它)可得速度的加法定理,所以如果在参照系 (x_1, x_2, x_3, t) 中光速是 c,则在以速度 u 沿 x_1 方向对它做匀速直线运动的参照系 (x_1', x_2', x_3', t') 中光速将是 $c-u$. 这与Ⅱ相矛盾. 因此,为了得到一个相容的理论(请看,数学家所宠

爱的"相容性"也侵入了物理学),就必须放弃伽利略变换而代之以所谓洛伦兹变换,其特例是

$$\begin{cases} x'_1 = (x_1 - ut) / \sqrt{1 - u^2/c^2} \\ x'_2 = x_2 \\ x'_3 = x_3 \\ t' = (t - ux_1/c^2) / \sqrt{1 - u^2/c^2} \end{cases}$$

其实一般的洛伦兹变换总可以化约为它.洛伦兹发现了这个变换,庞加莱也发现了它.但是爱因斯坦则完全是独立于他们二人,而且是由对马克思威尔方程的研究得出它的.所以爱因斯坦1905年的论文中根本没有提到洛伦兹的名字.事实上,公理 I(相对性原理)是与伽利略变换不相容的,因为马克思威尔方程组在伽利略变换下不能保持形式不变,所以如果要坚持伽利略变换,则应该可以用马克思威尔方程是否采取特定的形式来判定该参照系是否静止的,从而与公理 I 矛盾.

有了洛伦兹变换后,I 和 II 相容了,这样我们就有了狭义相对论.但是,挽救了马克思威尔方程以后,牛顿方程又出了问题,因为它不是在洛伦兹变换下不变的.真是扶得东来西又倒.这时爱因斯坦走了大胆的一步.爱因斯坦采用的方法是修正牛顿方程.设 (x_1, x_2, x_3, t) 参照系中质点的质量是 m_0,则在运动的 (x'_1, x'_2, x'_3, t') 参照系中质量是 $m = m_0 / \sqrt{1 - u^2/c^2}$,$u = \dot{x}'$.因此,牛顿方程成为

$$F' = \frac{\mathrm{d}}{\mathrm{d}t'} (m\dot{x}' \sqrt{1 - \dot{x}'^2/c^2})$$

这似乎是太玄妙了.否,这是有物理实验作依据的.例如在美国斯坦福大学的直线加速器中,电子被加速到很接近光速.为了偏转其轨道所需的磁场力远远大于按牛顿力学计算的大小.这是由于高速运动的电子质量增加了很多的缘故.很早还有一个实验,结果表明,如果一个电子质量为 m_0,则当它以很高的速度 u 运动时,质量将会变成 m,而 $mc^2 = m_0 c^2 + \frac{1}{2} m_0 u^2$.按爱因斯坦的修正,则是 $mc^2 = m_0 c^2 / \sqrt{1 - \frac{u^2}{c^2}} \sim m_0 c^2 + \frac{1}{2} m_0 u^2$(用二项式定理并且略

去 $(u^2/c^2)^2$ 这样的项).二者是惊人的一致.这样得到了牛顿运动方程的相对论修正.而更重要的是,$\frac{1}{2}m_0u^2$ 是动能,于是 m_0c^2、mc^2 等也都应该是能量,因为只有同类的东西相加才是有意义的.这样,我们就得到惊人的质能相当:质量 m 相当于能量 mc^2,或者记作

$$E = mc^2$$

这就是说,在相对论中,质量与能量的界限消失了.经典物理中有质量能量两个守恒律,现在在相对论中只有一个统一的质量——能量守恒.许多人都因为有了原子弹而得知质能相当,爱因斯坦确实也因为预见到质能的互换而在第二次世界大战期间向美国总统罗斯福上书警告纳粹德国制造原子弹的威胁.但是,一个理论公式是不会造成什么威胁的,需要的是实验的验证,以及从实验上发现原子的裂变确实会释放能量.相对论的种种奇怪的结论都需要实验验证,现在不乏大量实验结果证实相对论的这些惊人结论.例如关于时间变慢可以用 μ 介子的衰变来证明.这是一种平均寿命很短的粒子,产生于大气层顶部并以接近光速的高速射向地面.可是即令如此,最多走上几百米也就会"寿终正寝"了.为什么我们可以在到达地面的宇宙射线中找到它的踪迹呢?这是因为时钟对在高速运动的 μ 介子变慢了,因而使它的寿命延长了 $1/\sqrt{1-u^2/c^2}$ 倍.还有一个事实应该提到,洛伦兹变换以及许多有关的公式中都出现了因子 $\sqrt{1-u^2/c^2}$.当 $u>c$ 时,它是虚数而失去了物理意义.这表示,在狭义相对论中,速度 u 不可能超过光速,光速是极限速度.

爱因斯坦的狭义相对论大体上可以分成两个部分,一是相对论的运动学,这是它的几何学部分;一是相对论的动力学和运动物体的电动力学.对后一部分我们不去讲它.前一部分的重大意义在于它改变了我们关于时间与空间的根本看法.要注意,爱因斯坦首先是物理学家,对于他,实验是更重要的.尽管现代物理的实验例如迈克耳孙-莫莱实验和当年伽利略在比萨斜塔上抛下的两块石头大有区别,后者几乎可以从日常生活中俯拾而得,前者

则必须有一定的理论思维作指导才能有目的性,才能告诉我们有
意义的信息,但是二者同为实验,而不是单纯的理性思维.爱因斯
坦不是数学家,因此他的工作在数学上是"粗糙的",我们还得借
数学家之口才能完全了解其意义.所以我们要讲一下明可夫斯基
关于相对论的阐述.在前述《希尔伯特》一书 131-132 页上记载了
1905 年明可夫斯基和希尔伯特的物理讨论班,当时讨论的主题是
运动物体的电动力学(与爱因斯坦的著名论文标题相同).据物理
学家波恩(Max Born)的回忆,当时讨论过迈克耳孙-莫莱实验、洛
伦兹收缩、洛伦兹的时间等,但是"在希尔伯特-明可夫斯基讨论
班上,绝没有提到过爱因斯坦的名字".后来,当爱因斯坦的名字
传到哥廷根时,明可夫斯基记起了这个自己早年的学生(在苏黎
世工业大学,当时爱因斯坦年方 17),他说:"噢,那个爱因斯坦,总
是不来上课——我真想不到他能有这样的作为!"①(现在也有人
提倡学生不上课,大概忘记了,一个命题成立时,其"逆"却不一定
对:"爱因斯坦是不上课的"="不上课的是爱因斯坦"?)1908 年
秋,明可夫斯基在科隆发表题为《空间与时间》的演讲.我们从《希
尔伯特》一书中摘录几段:②

> "'我向你们提出的空时观是在实验的物理学的土壤
> 中发芽生长的,这正是它们的力量所在.这些观念是带根
> 本性的.今后,单独的空间和单独的时间注定会消失于虚
> 幻之中,唯有两者的结合体将保有其独立的真实性.'
>
> 在哥廷根时,他常跟他的学生们说,'爱因斯坦的深
> 刻理论的数学表达方式是粗糙的——我能这样说,因为
> 他是在苏黎世跟我学的数学'.……现在,人们称作'几何
> 化的伟大时刻'到来了,这就是明可夫斯基的科隆讲演.
> 只短短几分钟时间,明可夫斯基为相对论引进了他自己
> 极为简单的数学空时观,根据这种思想,同一现象的不同
> 描述能用极简单的数学方式表出.

---

① 见《希尔伯特》一书,133 页和 140-141 页.
② 见《希尔伯特》一书,133 页和 140-141 页.

　　　'三维几何变成了四维物理中的一章.'

　　　'现在',他告诉听众,'你们知道了我为什么要在开讲时说:空间和时间将消失在虚幻之中,而唯有世界本身将会永存.'"

　　明可夫斯基为物理现象提供的舞台是四维的时空连续统,这一点在上一节中讲到了.其实,伽利略的宇宙也是四维时空,不过时间是与空间严格分开的.如果作一个平面 $t=t_0$,则其上的点全可写为 (x_1,x_2,x_3,t_0),即除时间坐标固定为 t_0 外,空间坐标是任意的.即对空间的不同点,有相同的时间 $t=t_0$.所以伽利略的宇宙即牛顿的宇宙允许绝对的同时性.如果 (x_1,x_2,x_3,t_0) 处——t_0 时刻 (x_1,x_2,x_3) 处——的事件,在 (y_1,y_2,y_3,t_0) 处有了影响,则此影响从 (x_1,x_2,x_3) 传到 (y_1,y_2,y_3) 并不需要时间.这就是超距作用.这样我们看到,曾引起人们许多议论、牛顿本人也为之苦恼的"超距作用"其实来自同时性概念.再看明可夫斯基的四维时空连续统.因为洛伦兹变换把时间与空间"混合"起来了,则可能用一个适当的洛伦兹变换把 (x'_1,x'_2,x'_3,t'),(x''_1,x''_2,x''_3,t'') $t'\neq t''$,变成时间坐标相同的点:(y'_1,y'_2,y'_3,τ^0) 和 $(y''_1,y''_2,y''_3,\tau^0)$.于是在 (x,t) 参照系下不同时的事件,在 (y,τ) 参照系下成了同时事件.同时性的概念消失了,"超距作用"的困难也就烟消云散.这一点爱因斯坦自己也讲过.[1]

　　但是,同时性在另一个参照系中成为非同时性,终究一时难以接受.爱因斯坦本人举了一个物理的例子说明它.设在一个以匀速 u 沿直线运动的火车厢(运动的参照系)的中点发出一个光信号.于是光向车厢前后两壁射去,而且应该同时到达两壁(同时事件).但对于站在车外的观察者(静止的参照系)看来就不如此了.光在运行,车也在向前走.车的前壁拼命向前似乎想躲过光的追赶,所以光信号赶上前壁时要走过的路程不只是半个车厢,还要加上前壁在这一段时间躲过的距离.车的后壁就不同了,它急急忙忙迎着光信号奔去,所以光信号到达后壁时实际上走了不到半

① 见爱因斯坦"自述",《爱因斯坦文集》,第一卷,27 页.

个车厢. 光信号应该先到达后壁, 后达到前壁 (不同时事件).

如果从时间和空间的相对性得出一个结论认为一切观测结果都是相对的, 这就错了. 实际上, 两点或称两个事件 (x_1, x_2, x_3, t) (y_1, y_2, y_3, τ) 之间的一个量

$$I = \sqrt{c^2(t-\tau)^2 - (x_1 - y_1)^2 - (x_2 - y_2)^2 - (x_3 - y_3)^2}$$

就是洛伦兹变换下的不变量. 怀特海称它为两个事件的 "间隔". 事实上, 可以证明, 凡保持上式不变的线性变换必定是洛伦兹变换的. 间隔是一个很重要的量, 特别是, 考虑 (x_1, x_2, x_3, t) 与原点之间的间隔

$$I_0 = \sqrt{c^2 t^2 - x_1^2 - x_2^2 - x_3^2}$$

$I_0 = 0$ 是四维空间中的一个圆锥, 称为光锥. 我们把它示意地画在图 68 上. 光锥内外有根本性的不同. 光锥内的各点均使 $I_0 > 0$, 其外各点则使 $I_0 < 0$, 因为洛伦兹变换保持间隔 I_0 不变, 所以在这种变换下, 光锥内外的点不能互变. 如果在原点处发生一个事件, 而

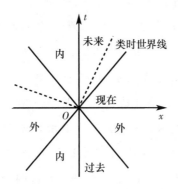

图 68 光锥

随时间 t 之变化, 此事件逐渐演进到 x, 因此 $x = f(t)$. 这是时空连续统内的一条曲线, 称为此事件的世界线. 最简单的情况是世界线为直线 $x = kt$ 的情况. 当世界线伸向光锥内时 $|k| < c$, 即速度小于光速. 这是许可的. 我们称它为类时世界线, 因为一定可以通过适当的洛伦兹变换把它变成时间轴 t 轴. 但伸向光锥外的直线 $x = kt$ 必适合 $|k| > c$, 即速度大于光速, 这在物理上是不许可的. 所以原点处的事件不可能影响到光锥之外. 光锥内的一切事件都不可能影响光锥外, 二者之间决无因果关系. 因此, 光锥之外实际上是

一个禁区.但是,即使光锥之内也有问题.哥德尔曾经提出一个模型("非欧几何之模型"那个意思的模型),使得光锥之内的时间关系可以完全倒过来.过去的成为未来,未来的成为过去.这是一个非常深刻的思想,因为它向因果性这个根本概念提出了挑战.因果性是哲学中的困难问题.但不论各派哲学家如何解释因果性,因必在前,果在因后,总是世人所公认的.现在既然时间的次序能颠倒,谈论因果还有什么意义呢?对于这个十分困难的问题,爱因斯坦自己也说:"库尔特·哥德尔(Kurt Gödel)的论文,照我的见解,对广义相对论,特别是对时间概念的分析,是一个重要贡献.这里涉及的问题,还在建立广义相对论的时刻就已经使我不安了,而我至今还未能把它澄清."①

相对论是一个物理理论.它所处理的问题是物理学长期发展中显示出非解决不可的问题.它要解释许多物理现象和物理实验.它的理论是否正确首先要由物理实验来检验.然而它终究是一个几何化的物理理论,是直接受到 19 世纪几何学重大发展的影响才能产生的理论.那么,它和几何学的关系是什么呢?《爱因斯坦文集》第一卷中一篇重要文章"几何学和经验"(该书 136-148页)讲得很清楚.文中首先指出:"为什么数学比其他一切科学受到特殊的尊重,一个理由是它的命题是绝对可靠的和无可争辩的……还有另一个理由,那就是数学给予精密自然科学以某种程度的可靠性,没有数学,这些科学是达不到这种可靠性的."爱因斯坦还把数学——其实是指几何学——的这两个方面概括如下:"照我的见解,这问题的答案扼要说来是:只要数学的命题是涉及实在的,它们就不是可靠的;只要它们是可靠的,它们就不涉及实在."这个貌似奇谈的说法其实是爱因斯坦把数学与物理学结合起来的真正诀窍:第一方面是说,首先必须把数学与"一切外附的因素分开".例如几何学讨论了直线和点等,我们对这些名词并不需要有任何直觉的知识,所以它们也不必有具体的内容,而对它们的陈述只需使得某些公理有效.这些公理也"是在纯粹形式意

① 爱因斯坦:"对批评的回答",《爱因斯坦文集》第一卷,483 页.

义上来理解的",即从唯名论的意义上来理解.这样我们得到了作
为数学的几何学.乍一看它关心的只是逻辑结构,因而是可靠的,
但其实它从我们思想上清除了一切障碍前进的定见,且在最细微
处发现疑问、找到问题,这才使人的思想得以自由创造.从明可夫
斯基的时空连续统来看,它当然也可以看作一种空间——四维空
间,只不过与这空间相应的变换不是伽利略变换而是洛伦兹变
换.欧几里得空间中有距离,它在伽利略变换下不变,现在相应的
有间隔,它在洛伦兹变换下不变,其他的则不一定不变了.但不论
如何这是一种几何学.当然是一种非欧几何学(不是罗氏几何
学).爱因斯坦及其同时代的人在接受这些与人类日常经验相距
如此之远的思想时当然还是有困难的,但比之高斯时代的人接受
平行公理可以否定这一事实相比,要容易多了.这当然是因为从
高斯到爱因斯坦隔了整整一个世纪,爱因斯坦自觉地吸收了这一
个世纪数学、物理学乃至哲学的成果.当他年轻时(1902 年),他和
几位密友经常如饥似渴地阅读、争论,其中也包括黎曼的《论作为
几何基础的假设》、克利福德、马赫、庞加莱等著作.他们把自己的
聚会戏称为"奥林比亚科学院",以致爱因斯坦在自己的晚年还深
情地回忆它(见文集第一卷 568-571 页)从这一点讲,没有非欧几
何学就不会有相对论.

可是问题还有另一方面,爱因斯坦终究是物理学家.他在该文
中说:"数学,特别是几何学,它之所以存在,是由于需要了解实在
客体行为的某些方面.""仅有公理学的几何概念体系显然不能对
这种实在客体(以后我们称之为实际刚体)的行为作出任何断言.
为了能作出这种断言,几何学必须去掉它的单纯逻辑形式的特
征,应当把经验的实在客体同公理学的几何概念的空架子对应
(coordination)起来.""这样建成的几何学显然是一种自然科学,
事实上我们可以把它看作一门最古老的物理学.它的断言实质上
是以经验的归纳为根据的,而不单单是逻辑推理.我们应当把这
样建成的几何学叫作'实际几何'"或称为作为物理学的几何学.
"宇宙的实际几何究竟是不是欧几里得几何,这个问题有明白的
意义,其答案只能由经验来提供."读到这里,我们简直要怀疑,爱

因斯坦的这篇文章是不是黎曼那著名论文的续篇了. 必须要回到物理, 使实在客体的行为与公理化的几何结论对应 (其实 coordination 还有协调之义) 起来. 例如, 从洛伦兹变换很容易推导出长度的洛伦兹收缩以及运动着的时钟变慢等结论, 而这一切又可以与 μ 介子的寿命等实验结果对应起来, 这样可知, 时空连续统以及洛伦兹变换确实与惯性系中的时空相对性"对应"了起来, 洛伦兹收缩也不再只是为解释迈克耳孙-莫莱实验这一孤立事实的"阴谋诡计". 于是, 狭义相对论站住了脚跟. 至此, 爱因斯坦说: "我特别强调刚才所讲的这种几何学的观点, 因为要是没有它, 我就不能建立相对论." (着重点是作者加的) 接下去他说: "要是没有它, 下面的考虑就不可能: 在相对于一个惯性系转动的参照系中, 由于洛伦兹收缩, 刚体的排列定律不符合欧几里得几何的规则; 因此, 如果我们承认非惯性系也有同等地位, 我们就必须放弃欧几里得几何." 这里是在讲广义相对论了, 下面我们再来讨论它.

爱因斯坦的这种方法论可以从他给索洛文 (Maurice Solovine, 也是"奥林比亚科学院"的"成员"之一) 的信上的附图 (见《爱因斯坦文集》第一卷 541 页) 上看到. 图 69 中 ε 是直接经验 (包括种种实验), 由它经过上行的箭头到达 A 即一个公理体系. 这个上行的箭头不是逻辑的活动, 它是一种最高级最复杂的活动. 就个人而言, 是一个没有逻辑必然性的、直觉的心理过程. 它与人的社会性

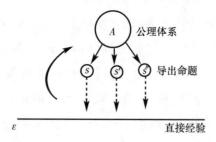

图 69

密不可分, 整个社会的影响包括世世代代科学的积累, 人的整个文化修养以及感情、爱好、流行的时尚等都有关. 对于 A 我们必须考查其相容性、独立性等问题. 由 A 再到各个个别结论 S 则是完全逻辑的过程. 最后要考虑 S 与 ε 的对应, 或协调, 或检验……这也是一个十分复杂的超出逻辑的过程, 它不但有心理、直觉的方

面,而且包含了人的实践活动,例如设计出种种新的实验——这其实是提出一些古怪的问题强令大自然回答.大自然的答案令我们满意了,我们就说自己对了;大自然的回答不满意或者干脆不回答,我们可不能惩罚大自然而只能给自己打一个不及格.

相对论的下一个发展阶段是广义相对论.

狭义相对论解决了惯性系中的物理规律、时空概念等问题.两个惯性系相对做匀速直线运动,其坐标之间有洛伦兹变换.问题在于:惯性系是否存在?什么是惯性系呢?回答是:它是以下的力学定律成立的参照系,即不受外力作用的物体恒做匀速直线运动(牛顿第一定律,若此匀速为 0 即为静止).但如果再问,什么是物体不受外力的状况?则答案又回到了出发点:该物体在惯性系中保持匀速直线运动的状况.其实,当我们学牛顿力学时,时常感到其所用的基本概念时常有互相定义之嫌,即其逻辑结构不甚清晰.如果把问题提得具体一点,问固定在地球上的坐标系是否是惯性系?答案是"否",因为地球是转动的.固定在太阳上的坐标系更接近于惯性系.但是太阳也是转动的,因此这个坐标系也不是真正的惯性系.其实惯性系是一个有用的虚构.只要我们远离其他物体而不受外界的影响就会得到一个惯性系.但是如果要问什么叫一个坐标系不受外界的影响则答案又是循环的:一个惯性系就是不受外界影响的参照系.

这里我们看到,绝对的时空、绝对的运动以及惯性系这些概念是互相联系的,都具有同样的困难:牛顿的力学定律只能应用于惯性系中,而惯性系是否存在又是问题.解决问题的办法是考虑一切可能的参照系,并研究物理定律在其中的表达方式,而且使得当我们采用惯性系时,物理定律表现为其原有的形式.

这样做有什么线索可循呢?还有一个看起来很微小而不引人注意的事实,爱因斯坦把它称为"等效原理",即惯性质量和引力质量相等.我们通常所说的质量其实有两个概念:一是当某力作用于一物体时,这个物体总是"抵抗"它而"扭扭捏捏地"得到一个加速度.物体的这个性质叫作惯性.为了表征惯性的大小,引用一个量 m_i,而有 $F = m_i a$.可见对同一个力 F,惯性愈大,加速度 a 就愈小.说一个人"惯性大"就是说他懒于改变现状,就是由此转义而来.m_i叫作这个物体的"惯性质量".另一个概念是,当我们把一个物体放在一个固定的引力场中时,它总是受到一定的力.这个力(仍记为 F)与表征这个引力场的量(记作 G)又成正比,有一比例常数,记作 m_g,因此 $F=m_g G$.例如在地球引力场中 $G=kM/r^2$,k 是引力常数,r 是地心到该物体的距离,M 是地球的质量.m_g 称为该物体的引力质量.可见,引力质量与惯性质量来自不同的概念,原是两个不同的东西.可见,惯性质量与引力质量相等,这当然不是一个平凡的事实.这是一个实验事实.牛顿在他的《原理》一书中就记述了他如何利用摆的实验证实了这一点.其后,厄阜(R. Eötvös)于 1890 年又做了一个实验,他用扭秤来做实验.这个实验持续了 25 年之久,证明 m_i 和 m_g 相等,误差不会超过 10^{-8},到 20 世纪 60 年代又有人改进了这个实验,证实误差不会超过 3×10^{-11}.这两个质量相等有什么结论呢?因为 $F=m_i a$,$F=m_g G$,所以 $m_i a = m_g G$,但因 $m_i = m_g$,所以 $a=G$.这就是说加速度和引力场是一回事.所以爱因斯坦等效原理又有一个表述方法:物体有加速度与物体受引力作用是等价的.所以,当我们研究两个参照系的一般关系,而承认它们相对可以有加速度(不是匀速直线运动)时,就相当于说这两个参照系都处于引力场中.为了研究一般的参照系,只需考虑引力的作用即可.这一点正是广义相对论的核心.广义相对论就是关于引力的理论.

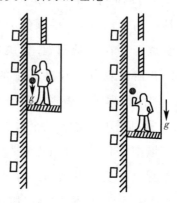

图 70　升降机实验

为了进一步说明这一点,我们有必要介绍一下爱因斯坦著名的升降机实验,如图 70 所示.假设有一个升降机,有人在其中作伽利略自由落体实验.如果这个升降机吊在一座摩天大楼上,则这人手上的落体自由下落且有加速度 g.不论是机内还是机外的观察者都看到落体受到引力的作用.如果吊索突然断了,升降机和落体都自由地下落,这时升降机内外的观察者看到的图像就完全不同了.对机外的观察者来说,落体和升降机以及机内的人全都受引力作用而在作相同的加速运动,其公共的加速度为 g.但是落体相对于机内的那个人却没有运动.对于机内的观察者,如果升降机是完全密闭的,他看不见外面的楼房,又如果他的心脏十分健全感觉不到下落时脚底空了,心慌发跳,则机内观察者完全感觉不到自己有加速度.这时他会看见那个落体因为没有受到任何的力而保持静止(当然是相对于他自己).于是至少是在升降机内的小小的局部范围中我们有了一个惯性系.比较这两个观察者的不同结论,正是因为加速度与引力互相抵消了.因此自由下落的物体是处在失重状态下.

引力与加速度之间的等价关系是爱因斯坦一生中"最令人快乐的思想".他说:[①]

"1907 年,我正在为《放射性和电子学年鉴》写一篇关于狭义相对论的简短概述,我想修正牛顿的引力理论使之适合于此理论,试着沿这个方向去做,表明有可能完成这个计划,但是这些试验并不能使我满意,因为它们需要一些没有物理基础的假说的支持.正在这时我突然得到了我一生中最令人快乐的思想如下:

正如电场可由电磁感应产生的情况一样,引力场的存在也是相对的.所以,对于从房顶上自由落下的观察者,在他的下落中是没有引力存在的(爱因斯坦加的着重点),至少在他身旁是这样.如果观察者随手放松一个东西,则不论其化学或物理特性如何,这东西相对他总是静止的或者在做匀速运动(这时自然要忽略空气的阻力).

---

① 转引自 Heinz R. Pagels, *The Cosmic Code*, Bantan Books, 1982, 27-28 页.

所以,观察者有理由认为他所处的状态是静止状态.

在同一引力场中一切物体的加速度都相同这个特别奇妙的经验法则,这样一想,立刻就有了深刻的物理意义.因为只要有一个东西在引力场中下落的速度与其他物体不同,观察者就可以借它得知自己在下落.但是如果没有这样的东西——经验很精确地证实了这一点——观察者就没有任何客观的基础认为自己是在引力场中下落.他反而有理由认为他处于静止的状态,而他的周围并没有引力场.

我们从经验中得知的事实,即自由落体的加速度与落体的特性无关,就成了一个有力的论据,说明相对性原理应该推广到相互作非匀速运动的坐标系去."

引力场被归结为加速度,而加速度又会改变空间的性质.为了说明这一点再看那个升降机,不过这一次假设升降机有一个窗口,光线从窗口平行地射进来,而升降机正在向上作加速运动.由于光线通过升降机要有一段时间,在这段时间里,升降机已向上移动了一段距离,所以光线不是射到 A 点而是射到 B 点,成了一

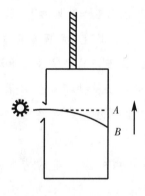

图 71

条微微弯曲的曲线(如果是匀速上升,则光线成为斜的直线).对于机内的观察者来说,他并不知道自己正在向上作加速运动,相反的,他感到升降机的地板有一个引力场把他向下拉(每一个乘电梯上楼的人在电梯开动时都有这种体验),升降机内有一个引力场.在引力场作用下光线变弯曲了.这是怎么一回事?光线一

定载有能量,而因为 $E = mc^2$,能量就是质量.所以引力场对光线应
有作用,正如对一切有质量的物体一样.这样我们看到了引力场
造成了空间的弯曲,或者反过来说,空间的弯曲表现为引力场的
作用.在平直空间中光的路径是直线,而在弯曲的空间中,光的路
径是一类曲线——在相应度量下的测地线.我们大家都知道,一定
的质量会形成引力场,例如太阳等巨大的天体都形成引力场,所
以可以说,物质造成了空间的弯曲.这样我们看到,在广义相对论
中,时空和物质是统一的.这个统一的宇宙是"弯曲的",它的构造
十分有趣,而决非牛顿的空空荡荡的大箱子加上平静的小溪,"物
质"则是一些小石块,放在箱子里,放在流水旁.广义相对论是几
何化的物理学,物理化的几何学.这里的几何比之欧几里得几何
不知要丰富多少,它甚至不是罗氏几何.鲍耶依父子、罗巴契夫斯
基到高斯、黎曼,最终是爱因斯坦,终于"从一无所有之中创立了
一个新宇宙".

这里又遇到通俗书的一个大毛病,总使人把一切都看得太容
易.如果广义相对论的发现竟是如此简单,何必要花上人类上百
年功夫呢?本书绪言中讲到爱因斯坦 67 岁(1946 年)时写的那篇
"自述",后面紧接着还有一篇《自述片断》,其中讲到早在 1908 年
他就已具有广义相对论的思想了,可是到七八年以后的 1915—
1916 年才完成."其主要原因在于,要使人们从坐标必须具有直接
的度规意义这一观念中解放出来,可不是那么容易的."这里说的
是要容许对坐标进行一般的非线性变换而不只是洛伦兹变换,物
理规律又必须以相应的形式来表示(所谓"协变"形式).空间应该
用什么样的数学量来表示?这些量又应该满足什么方程?对于惯
性系,局部地看,四维时空中的度量(物理学家叫作"度规")可
以是

$$ds^2 = c^2 dt^2 - dx_1^2 - dx_2^2 - dx_3^2$$

换用一般坐标后有

$$ds^2 = \sum_{i,j=0}^{3} f_{ij} dx^i dx^j, x^0 = t, g_{ij} = g_{ji}$$

但是怎样从上式知道它相当于无引力的平直的四维时空连续统

呢？多亏黎曼告诉我们，条件是上式的黎曼曲率张量 $R_{iklm} = 0$. 这里 R_{iklm} 是 g_{ij} 的二阶微分式. 这时，质点运动方程是直线，即度量为上式的测地线（牛顿第一定律；惯性系的定义）. 爱因斯坦想第一步把它推广到引力场的情况，然后再推广到包含电磁场在内的一般的场，所以现在问题成为一个纯粹的数学问题，即找出 g_{ij} 所必须满足的"场方程".《自述片断》中说：

> "我头脑中带着这个问题，于 1912 年去找我的老同
> 学马尔塞耳·格罗斯曼（Marcel Grossmann, 1878—
> 1936），那时他是（苏黎世）工业大学的数学教授. 这立即
> 引起他的兴趣……就这样，他很乐意共同解决这个问题，
> 但是附有一个条件：他对于任何物理学的论断和解释都
> 不承担责任. 他查阅了文献并且很快发现，上面提到的数
> 学问题早已专门由黎曼、里奇（Gregorio Ricci-Curbastro,
> 1853—1925）和勒维-契维塔（Tullio Levi-Civita, 1873—
> 1941，里奇的学生，他们师生共同创立了绝对微分学——
> 后来爱因斯坦才给出了张量算法的名称）解决了. 全部发
> 展是同高斯的曲面理论有关的，在此理论中第一次系统
> 地使用了广义坐标系. 黎曼的贡献最大，他指出如何从张
> 量 g_{ij} 的场推导出二阶微分."

由此可以看出，引力的场方程应该是怎么回事. 于是有了场方程而广义相对论终于完成. 这一节读到这里就清楚了：早从 19 世纪 20 年代高斯提出曲面的内蕴几何学，到黎曼关于弯曲空间本性的探讨，他们都预见到这个思想会在物理学上开花结果，而这件事终于由爱因斯坦完成了. 至于这以后，当然带来了微分几何的大发展，而爱因斯坦本人呢，则开始进行他的第二步工作：继引力场被完全几何化以后又来把电磁场也几何化，即建立一个统一场论. 在《自述片断》（1955）一文的末尾，他说：

> "自从引力理论这项工作以来，到现在 47 年过去了.
> 这些岁月我几乎全部用来为了从引力场理论推广到一个
> 可以构成整个物理学基础的场论而绞尽脑汁. 有许多人

向着同一个目标而工作着.……我还是不能确信,我自己
是否应当认为这个理论在物理学上是极有价值的,这是
由于这个理论是以目前还不能克服的数学困难为基础
的,而这种困难凡是应用任何非线性场论都会出现.……
问题究竟怎样,我们想起莱辛(Gotthold Ephraim Lessing,
1729—1781,德国著名诗人和文艺批评家、哲学家,启蒙
派思想家)的鼓舞人心的言辞:为寻求真理的努力所付出
的代价,总是比不担风险地占有它要高昂得多."

　　爱因斯坦没有得到成功,而且招来许多公开或非公开的非议,
有人认为他已脱离了物理学发展的主流,例如著名的物理学家爱
伦菲斯特(Paul Ehrenfest,1880—1933)在得知爱因斯坦反对量子
力学后惋惜地说,"我们失去了领袖".[1]但是爱因斯坦的洞察力使
得他的这个努力构成今天基本物理学的主题之一,这就是,理论
物理学的基础结构是一个几何结构.广义相对论一问世,外尔就
投入寻求这个宇宙的统一几何结构的工作,并且提出了规范场理
论,一直发展到近年的 Yang(杨振宁)-Mills 理论,虽然如杨振宁
自己说的"我们离成功的大统一仍然还有一段距离,而离这些相
互作用与广义相对论的全盘统一更远.可是,已经不容怀疑的是
爱因斯坦洞察力的深与准……"[2]它仍然是宇宙的几何结构的理
论,用现代微分几何的行话来说,它是纤维丛上的联络.这里数学
又是走在物理前面好几十年.

　　现在回到广义相对论的实验检验.最著称于世的是光线受引
力场偏转的实验.例如太阳使其周围的空间弯曲.从一个星体发
出的光在空间未弯曲时本会走中空虚线路径的,现在受引力偏转
而会沿实心虚线行走(图72).所以地球上收到光信号时会发生延
迟.这个效应爱因斯坦在 1916 年就提出了.但是当时没有射电望
远镜,所以只有在日全食时才能实地观察到.恰好 1919 年 5 月 29
日发生了日全食,英国天文学家和物理学家爱丁顿(Arthur Ed-

　　[1]　见 Heinz R. Pagels, *The Cosmic Code*, Bantham Books,1982,43 页.
　　[2]　杨振宁:"爱因斯坦对理论物理的影响",原文发表在 *Physics Today*,1980,中文译文见他的文集《读书教学四十年》,香港三联书店,1985,41-51 页.

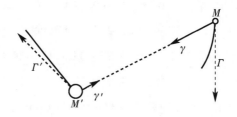

图 72

dington）率队在巴西和普林西比岛进行了实测，结果完全证实了爱因斯坦的理论. 当时正值第一次大战之后，音信阻塞. 爱丁顿不得不首先电告住在荷兰（当时的中立国）的洛伦兹，再由他转告在柏林的爱因斯坦. 据说当时爱因斯坦正在办公室和一个女学生讨论. 他中断了讨论，顺手从窗台上交给她这份电报，并且说："你可能会有兴趣."女学生大为惊喜，可是爱因斯坦却不动声色地说："我早知道这个理论是正确的，您难道不相信吗？"女学生反问说如果电报上说是观测失败又怎么办？ 他的回答是"那我就要为亲爱的上帝遗憾了. 这个理论是正确的."[①]大家看吧，上帝可能是有的，但是他也得听物理学家的话. 他只能像一个中学生做物理习题那样安排日全食. 如果日全食不发生，那就是上帝错了，好像一个学生做错了题目，爱因斯坦老师也得为他的学生遗憾了.

最后我们再谈一下爱因斯坦关于数学与物理的关系的根本思想. 其实爱因斯坦的思想是非常经典的，而这与他曾深刻地研究过许多古典哲学著作有关. 从毕达哥拉斯起直至牛顿，都相信宇宙的根本规律应该是十分简单的，上帝按照这些简单的根本规律——它们是数学规律——设计了世界. 爱因斯坦在"论科学"一文（见《爱因斯坦文集》第一卷 284-286 页）中说：

"相信世界在本质上是有秩序的和可认识的这一信念，是一切科学工作的基础."

他有时也讲到上帝，并常常戏称之为"老家伙"（The old one），

---

① 此事发生在 1919 年 9 月 27 日. 当事的学生名为 Ilse Rosenthal-Schneider. 她为此事在 1957 年写了一个回忆录，现存普林斯顿高等研究所的档案中. 见 Jagdish Mehra and H. Rechenberg, *The Historical Development of Quantum Theory*, vol. 3, Springer Verlag, 1987, p11.

有时也讲到宗教情感. 他说:

> "我信仰斯宾诺莎的那个在存在事物的有秩序的和谐中显示出来的上帝, 而不信仰那个同人类的命运和行为有牵连的上帝."

又说:

> "同深挚的感情结合在一起的, 对经验世界中所显示出来的高超的理性的坚定信仰, 这就是我的上帝概念. 按通常的说法, 这可以叫作'泛神论的'概念(斯宾诺莎)."

自然界及其根本规律如此, 人所要做的是什么呢? 他在"理论物理学的方法"一文(同上书 3-6 页)中说:

> "自然界是可以想象到的最简单的数学观念的实际体现. 我坚信, 我们能够用纯粹数学的构造来发现概念以及把这些概念联系起来的定律, 这些概念和定律是理解自然现象的钥匙. 经验可以提示合适的数学概念, 但是数学概念无论如何却不能从经验中推导出来. (作者按:请回忆一下前面图 69 中由 ε 上行 A 的箭头)当然, 经验始终是数学构造的物理效用的唯一判据. 但是这种创造的原理却存在于数学之中. 因此, 在某种意义上, 我认为, 像古代人所梦想的, 纯粹思维能够把握实在, 这种看法是正确的."

不但他的观点是非常经典的, 他的方法也是. 他把自己的工作——请记住他是物理学家——奠基于实验上, 但是他的许多最著名的实验都是理想实验, 这一点和伽利略十分相近. 他一再说他的狭义相对论与迈克耳孙-莫莱实验没有直接关系. 上面引的他给索洛文的信中的那个图更表明他的方法是非常经典的.

爱因斯坦的世界观的另一个特点是他坚持决定论的观点. 他的名言"我无论如何深信上帝不是在掷骰子"(见于 1926 年 12 月 4 日给波恩的信(同上书 221 页)). 他坚持这个观点使他一直对量子物理持保留态度. 许多人为此惋惜, 认为他因此脱离了物理学的主流.但是我们应该看到的却是他的坚信原则的精神使他40年如一日地从事统一场论的研究,表明了他是最后一位伟大的经典物理学家.判断一位科学巨人,不应当问他没有做到什么,而应当问他在自己的历史条件下做了些什么,留给我们的宝贵遗产是什么.今天我们讲到宇宙学、"大爆炸理论"、Yang(杨)-Mills理论,难道能忘记他的贡献吗? 他的坚定的决定论思想反映在一封信中,反而使我们对前面一再提到的"决定论伤害了人的感情"的说法有了怀疑.贝索(Michele Besso,1873—1955)是物理学家,爱因斯坦的挚友,二人书信往返达50余年.1955年3月贝索去世(比爱因斯坦去世早一个月),爱因斯坦给贝索的儿子和妹妹写了一封十分感人的信(1955年3月21日).信中说:

> "现在,他又一次比我先行一步,他离开了这个离奇的世界.这没有什么意义.对于我们有信仰的物理学家来说,过去、现在和未来之间的区别不过有一种幻觉的意义,尽管这幻觉很顽强."①

要问数学和文化是什么关系,请细心地领会一下爱因斯坦的思想和感情,研究一下他的所作所为,就会得到很深的体验.

3.3　无尽的探索

数学作为人类文化的一个重要部分,既然是科学,它首先关心的当然还是我们生活于其中的宇宙.数学的探索意义究竟何在? 就在于它对认识宇宙的本性上有重大贡献.我们不赞成狭隘的近视的看法,认为一切数学研究都必须有某种具体的目的,或者用现行的说法叫作"有应用前景".其实所谓的"前"可以有完全不同的理解,"眼前"固然是"前","前瞻若千年"也是前.区别在于人类社会在文化和物质上的发展程度.越是发展的向上的社会,具有更高的文化、科学和物质生产水平,也就会更认真地考虑各门科学的前景.但是,从根本上说,如果数学的研究不能在"认识宇宙"上开花结果,数学研究还有多少价值呢? "认识人类自己"其实也

---

① 着重点是作者加的,原文见《爱因斯坦文集》第三卷507页.

还是为了提高人的认识能力,去认识大自然和人类社会,否则数学也就成为一种宗教式的内省了.在这里我们没有用"改造自然"的说法,因为人与自然究竟应该是什么关系,是不是简单地按人类的需要来"改造"自然是一个很大的问题,当代科学的发展使我们懂得了人必须与大自然"和睦相处".认识宇宙,也认识人类自己,其实也还是为了找到正确的相处关系.我们一再强调过,数学作为人类文化的一个重要特点,就是极端抽象的、甚至有时被误解为"毫无意义""脱离实际"……但却可以根本改变人对大自然和人类自己的看法,甚至可以改变人类社会的面貌.上面讲了相对论的出现及其与数学的关系,如果再加上量子物理学,人们很难回避一个结论:数学是人类全部技术的最重要的基础.

下面再谈一下计算机.谁也不会怀疑,它将是人类社会最重要的创造之一,而且将是下一个时代的标志之一.它的出现不但将又一次改变我们的生活,而且会根本改变人类对自己的看法.但是,可以毫不夸大地说,计算机是数学的产物,特别是与数学基础的研究有关,数学不但使我们得到了计算机,也使我们懂得了它的局限性.如果有考古癖,大可把帕斯卡(Blaise Pascal,1623—1662,是一位颇有神秘主义色彩的重要法国数学家)或者莱布尼茨作为计算机的守护神,而且确实是对的.更实际一些应该提英国数学家布尔,他在《思维法则的研究》一书中提出把思维法则形式化、符号化成为一种代数.现今就称为布尔代数,它是每个学计算机的人必备的基础知识.到 20 世纪 40 年代冯·诺伊曼造出了第一台计算机,确是受到数学基础的研究,特别是数学形式化的启示.我们不打算讲到数学特别是数理逻辑的研究怎样为计算机科学开辟道路.因为想要讲得比较清楚又得写整整一本书.我们只想讲一下哥德尔的阴影.这里需要讲到一个英国数学家图灵(Alan M. Turing,1912—1954).[①]他早年在剑桥大学对什么是计算进行了逻辑上的分析,这种分析十分类似于对几何的基本概念的分析,使得人们这时才对自己进行了几千年的计算的本质有所

---

① 材料引自《今日数学》(A. Steene, *Mathematics Today*)一书中"什么是计算"一篇.该书中译本由上海科学技术出版社 1982 年出版.该文见 272-302 页.

了解.图灵从逻辑上证明了存在着一种"通用"的计算机——后来被称为图灵机——这对冯·诺伊曼设计出第一台计算机起了关键的作用.图灵在第二次世界大战中从事密码破译的工作,用数学的方法破译了当时德国人认为无法破译的"Enigma"(谜)密码机编制的密码,立了大功.1954年图灵自杀.值得注意的是当时有许多数学家都得到了同样的思想.例如有美国数理逻辑学家波斯特(Emil Post,1897—1954).他早在哥伦比亚大学的博士论文中就提出了元数学方法的思想,其后又预见了哥德尔和图灵的研究,但一直没有发表.1954年他惨死于医疗事故.波斯特和康托尔、哥德尔一样,患有精神病.我们列举出许多人,使人想到非欧几何出现的情景.确实,春天的紫罗兰是到处开放的.这个春天显然是由数学基础的发展,特别是形式主义学派的贡献所形成的文化气氛.早期对计算机的出现有重大贡献的都是对数理逻辑有卓越贡献的人,进一步说明了这一点.甚至他们中许多人都患有精神病也表明他们的智力和思想远远走在时代的前面,而卓越的人也时常是孤独的、悲哀的人,他们离群索居,难得人们理解,因此而自己结束了自己的一生也不是难以设想的事.这也许是人类为数学的发展付出的沉重代价吧!

图灵对计算的研究始于对计算完全形式化.这里,他从几个基本的假设开始:

(1)所有的计算都可以在一条一维的带上完成.这样,计算的工具可以是一条纸带,也可以是磁带;而例如列出算式的计算如乘法 $26 \times 35 = 910$.

$$
\begin{array}{r}
2\ 6 \\
\times\quad 3\ 5 \\
\hline
1\ 3\ 0 \\
7\ 8\quad \\
\hline
9\ 1\ 0 \\
\end{array}
$$

应写作　　　$26 \times 35 = 130 + 780 = 910$

(2)所有的数字全部用二进制表示,这样就只需两个符号 0 和 1.所有的运算符号也都用 0、1 编成的代码来表示.我们研究的计算过程全都是有限的,因此,对上述一维带的长度——现在应把它分成许多空格,有的格中记 1,有的格中记 0——也应是有限长的.
但是因为我们想包括一切计算,这样,事先无法规定带长.办法
是:假设带长是无限的,但同时允许 0 作为"空白"用,同时规定只
许出现有限个 1.这样,只要规定好两个标志,一个表示开始,一个
表示结束,而在这两个标志之外全部记以 0 表示空白,这样就解决
了有限与无限的矛盾.

(3)分析一下我们的计算过程,例如作二进位加法 100 +
101 = 1001,其实可以把它分解为以下的步骤:首先是观察各个空
格(我们不妨称之为扫描(scanning)).而且不妨设每次只能观察
一个空格.根据我们观察到的结果决定下一步做什么.例如先看
个位,我们分两次观察到 0 和 1,我们就记下 1,然后向左移位.这
里又有了两个动作:记下(或者说写下,或者说打印出)1(当然也
有记下 0),以及向左移位(当然也有向右移位,例如,我们必须由
左向右地观察 101 才能找到个位).计算完毕应该停机.总结起来
只有 7 个动作:

1.000 　　　 印出 0 　　　 PRINT 　　 0
2.001 　　　 印出 1 　　　 PRINT 　　 1
3.010 　　　 左移一位 　　 GO 　　 LEFT
4.011 　　　 右移一位 　　 GO 　　 RIGHT
5.101 0···0 　 1 扫描到 0 则转向第 i 步　 GO　TO
　　STEP　i　IF　0　IS　SCANNED
6.110 1···1 　 0 扫描到 1 则转向第 i 步　 GO　TO
　　STEP　i　IF　1　IS　SCANNED
7.100 　　　 停机 　　　 STOP

上表左方是一个代码,其作用以后再讲,右方用英文写是因为
通常写程序时常这样做.这七个动作也就称为指令.

总之,所谓计算就是计算者(人或机器)对一维带形上的一串
0 和 1(1 只有有限多个)执行一串指令(指令 1~7).这样我们就
看到计算已经完全形式化了.我们并不需要知道计算的是什么,
也不知道计算的结果对不对(请对照罗素关于数学的那一段话),

而形式的计算正是好在这里,因为最终是机器在进行"计算",我们又何尝需要机器"知道"它在计算什么,计算得对不对? 我们要把机器变成"奴隶",让它完全听话,老老实实地干活,首先就要知道本来是我们自己干而现在让它干的活就是一种没有内容、简单重复的"机械"劳动.

下面说一下代码.怎样让机器知道它应该干什么活呢? 机器实际上只能辨识 0、1 两个符号,所以我们把指令都变成代码,机器看见代码就依样执行.一串依次排列的指令称为一个程序.现在对各个指令都填上代码,于是程序就写成一串 0 与 1.还缺少两个标志,即程序之始与程序之结束,我们分别用 1 和 111 表示.它们不是指令,而只是两个记号,其作用以下可以分析清楚.这样,举一个例看一串 0,1:

10000101101100010111101111100010111101010100111

这简直是无法阅读的"密码",请看机器怎样破译它.首先机器看见 1,知道程序开始了.接着,机器看见了 000,于是按指定,它应该打印出一个 0;再向后走看见 010……且停,机器为什么不把 1 和 00 混起来,并且读成 100,001,… 于是一上来就停机,然后戏就唱不下去了? 这就是"下雨天留客天留我不留"的老故事了.乍一想,只要在 1 后面空一格就行了.不行,因为前面已经说了,空白就是 0.真正的秘密是,当机器见到程序时,它还处于没有程序的状态,所以,它见到第一个 1 知道这表示程序开始,而只在程序已开始送入后,机器见到 1 才会想到,是不是要"我"停机了.然后机器见到 0,它不知怎么办,只好再向下看,又是一个 0,再看还是 0,机器这样认出来了,这是指令 000.下面又出现了困难.注意指令表除 5、6 以外都是三个 0 或 1.这样一共能排出 $2^3 = 8$ 个指令,其中有 4 条 100,101,110,111 以 1 开始.现在 100 用作停机,111 用作程序结束,101 和 110 表示见到 0 和 1 就转向第 i 步.对 101 则用 i 个 0 表示转向第 i 步,再添一个 1 作为指令结束.对 110 则用 i 个 1 表示转向第 i 步,再用 0 作为指令结束.这样一来,上述一串 0,1 表示如下的程序:

P:1. PRINT   0

2. GO LEFT

3. GO TO STEP 2 IF 1 IS SCANNED

4. PRINT 1

5. GO RIGHT

6. GO TO STEP 5 IF 1 IS SCANNED

7. PRINT

8. GO RIGHT

9. GO TO STEP 1 IF 1 IS SCANNED

10. STOP 程序结束

上述的一串 0、1 是 P 的代码,记作 Code P. 于是程序 P(称为图灵-波斯特程序)被无疑义地破译了. 这样一个程序应该作用在一个输入 V 上. 假设 V 是 11,于是把 V 放在 Code P 后面而有

<u>1</u> 0000101101100010111101111100010111101010 <u>111</u> <u>11</u>
开始   结束输入

我们把输入 V 写在带上:…00 1 100,…,00 表示输入起始处. 于是对 V 施行 P 的结果依次是

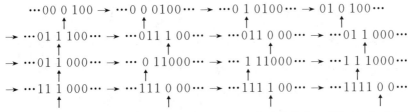

可见,11 变成了 1111,程序 P 于是称为"倍加程序". 本来把 11 之长倍加写成 1111 是很简单的事,经过分析,成为基本指令组成的共 10 步的程序,这样,这个计算就可以完全机械化了. 这里得到一个令人惊奇的结果:一定存在一个通用的程序 U,它可以执行任意的图灵-波斯特程序. 实际上只要将 Code P 与 V 接在一起,然后让 P 在 V 上进行工作即可.

这个 U 的内容如下:它从左到右扫描,直到发现 111 为止. 这样它把 Code P 和 V 分开了,然后,译出 Code P 得到程序 P,并按其步骤对 V 施行,并且将最终结果输出. 对于通用程序 U 我们设计一个机器来执行其中的指令. 这样我们看见,图灵关于计算的分析直接引导到通用计算机的发明.

　　从以上的叙述可以看到,图灵的研究完全是在数学的形式化的影响下出现的.如果没有集中表现在希尔伯特形式主义纲领中的那一种数学思潮的影响,没有那样一种数学文化以及图灵和波斯特对这种文化的领会和对其价值的深信不疑,就无法设想他们会对计算这样一件人人从幼儿园就会做的"平凡的事"进行这样深刻的研究.也就不能理解,为什么布尔等人尽管有极重要的贡献,而对计算机的出现始终只能停留在某种直觉的猜测上.这里我们要对"形式主义"一词进行正名.从历史上说,这个"恶名"是在希尔伯特与布劳威尔的激烈争论中,布劳威尔给他带上的"帽子".我们前面说过,"形式主义"一词绝无贬义,其实也难免带有直觉主义的感情色彩,也有点文人相轻的味儿了.希尔伯特绝非对数学的本质只是从形式上把握的等闲之辈.他的伟大在于,他不但深知数学之真昧,富有物理的直觉,而且真正懂得数学的形式推理这一侧面的重大意义.希尔伯特并不是只看重形式.他的思想丰富而深刻,但是人们也很容易仅仅抓住他的一两句话而丢掉了其思想之全体,有时又忘记了他的极重要的话(例如前面讲到的《几何基础》序言中的话).他在自己一生最后20多年中以主要力量研究数学的这一个侧面,当然是因为他了解其重要性.我们不能说希尔伯特对计算机的出现有过某种预见,但是他对数学的形式推理这一侧面的研究确实打开了计算机时代的大门.

　　希尔伯特的研究引起了哥德尔定理的出现,这也是十分自然的:因为这个研究必然系统地提出数学的形式推理的局限性问题.希尔伯特把判定问题作为数学基础研究的基本问题之一.他要求有一个计算方法来检验某个逻辑结论可否从其前提中合乎逻辑地推演出来.如果能做到这一点,那就有可能用纯粹机械的方法来解决各种数学命题的真伪问题.这个问题称为初等逻辑的判定问题.研究这个问题以及其他一些判定问题使我们怀疑数学中许多问题都是不可判定的.这方面的研究最重要的结果自然是哥德尔的不完全性定理,特别是第二定理,即相容性问题是不可判定的.这方面的研究对图灵关于计算的理论有深刻的影响,即引导到著名的停机问题.

先看一个例子,即由三条指令所成的程序

P:1.011　GO　RIGHT

　2.10101　GO TO STEP 1 IF 0 IS SCANNED

　3.100　STOP

当程序将对输入 V 向右进行扫描,若遇到 0 则返回指令 1,而遇到 1 则转向第三步:停机.所以,若扫描开始位置的右方是 0,则机器返回指令 1.这条指令令它向右,右方仍然是 0,所以机器又返回指令 1,如此无限循环而永远不会停机.在计算机实践中就说我们遇见了死循环.因此,有一些图灵-波斯特程序有时是不会停止的.现在的问题是是否有一种计算方法可以用来判断任给的图灵-波斯特程序会不会停止? 这称为停机问题.一个惊人的结果是:不存在这样的计算方法,即图灵-波斯特程序的停止问题是不可判定的.这个问题的解决与哥德尔定理有密切的关系.实际上,哥德尔定理也可以用计算机的语言来表述为:不存在一个计算机算法使它能输出算术中的所有真命题而不输出假命题.[①]我们不来详细讨论这里的具体内容而只提醒一点:数学基础的研究不但为我们打开了通向计算机时代的道路,而且在我们才开始走上这条道路时,就已预示了计算机本身的局限性.

　　计算机从人类文化的角度看提出了极其尖锐的问题.进行计算、进行逻辑推理从来被认为是人所特有的本领."人为万物之灵",计算推理自然是"灵"的表现.现在人们开始研究人工智能问题,开始设计第五代计算机即所谓智能计算机.不管人们怎样定义人工智能,进行计算和推理总被认为是人所特有的天赋.现在我们分析的结果发现所谓计算竟是如此机械,如此没有"灵"气的事,则一方面使我们想一下,究竟人为万物之灵的"灵"表现在哪里? 另一方面,人总是通过设计计算机代替人的脑力劳动的某一部分,正如各种机器是人手的延长一样,计算机可以看成是人脑的延长.这样人不但在体力上,而且在脑力上都可以部分地复制自己.这叫不叫人可以复制自己?《圣经创世纪》说上帝造人,现

① 见 G. Boolos, A New Proof of Gödel Incompleteness Theirem, *Notices of AMS*, Vol. 36, No. 4, 1989, 388-390.

在的情况是不是可以说人自己也可以造人？当然,哥德尔定理告诉我们,人的逻辑推理本身就是有局限的.人造出的"人"——计算机当然也是有局限的.可是说到底还是要问一个根本问题:人的本质是什么？作者曾经以此问题请教过美国著名的人工智能专家阿比卜(Michael Arbib)教授,他的回答是人有社会性而计算机无论如何不会有社会性.别人可能会回答:计算机不可能有情感.暂时把这些更深刻的问题放在一边,数学研究明确地告诉我们计算机即在计算推理方面也有局限性.如果说计算机是人脑的延长,则计算机的局限性也是逻辑推理局限性的延长.如果说数学在其发展的第一个阶段帮助人类从宗教下解放出来;然后又使人类的思想从自己的定见下解放出来;那么今天可不可以说,数学又在帮助人类复制自己,而且是连同自己的局限性一起复制出来呢？

暂时从这些有趣的玄想回到现实来,我们还可以从比较"悲观"的一面来看看数学.哥德尔定理告诉我们形式系统如果相容必定是不完全的,其实数学基础的几个学派在一点上是殊途同归的:形式主义学派指出:真并不一定是可证明;直觉主义学派进一步指出,可证明不一定是可构造;而在有了计算机的今天,人们会更加同情直觉主义的一个观点:不可构造的证明有什么意义呢？计算机不能算出的问题怎么叫作解决呢？所以殊途同归之处在于数学十分严肃地要求我们反思一个问题:当我们用数学方法去解决一个问题,去预测一件事情时,我们是不是在解不可解的问题,在预测不可预测的事？我们自认为已经懂得的东西是不是包含了某些超出我们智力的困难呢？当代数学的发展正是十分尖锐地提出了这个问题.其实,从牛顿的时代,这个问题就十分尖锐地存在了.

在第一章中讲到牛顿力学的决定论时,我们曾说,数学中的存在与唯一性定理告诉我们牛顿的运动方程有解 $x=F(x_0,t)$,而决定论就是这样一个事实的哲学表现.因此物理学家一直认为至少他们从原则上可以任意精确地测量初始状态 x_0,而且由此决定任意时刻 t 的状态.数学家认为我们至少原则上可以由此解出以上的方程.数学家如此钟爱存在性、唯一性,理由也就在此.

　　但是这种乐观的态度有多少根据？许多物理学家一直认为所谓"决定任意时刻的状态"这句话在物理上是没有意义的. 数学方面,不论是布劳威尔还是哥德尔都对此提出了严重的挑战. 如果说在 20 世纪初,这些挑战还只是思维王国里的疾风暴雨,现在它已成了科学思想中的大地震了,越来越多的人懂得了问题的严重性.

　　举一个小例子. 生态学家梅(Robert May)在研究昆虫群体的繁殖时曾提出一个著名的模型

$$x_{n+1} = \alpha x_n(1-x_n) \quad 1 < \alpha < 4, 0 < x_n < 1 \qquad (1)$$

x_n 表示第 n 代群体的大小. 现在要问当 $n \to \infty$ 时 x_n 趋向什么？如果 $x_n \to \bar{x}$, $\bar{x}$ 很容易求出,因为在上式中求极限有

$$\bar{x} = \alpha \bar{x}(1-\bar{x}) \qquad (2)$$

这是一个很简单的二次方程,一个解是 $\bar{x}=0$,另一个是 $\bar{x}=1 - \dfrac{1}{\alpha}$. 但是如果我们要具体了解 x_n 怎样随 n 而改变,就立刻出现了新问题. 我们会发现参数 α 起极大的作用. 当 $1 < \alpha < \alpha_1$ 时,确有 $x_n \to \bar{x}$；当 $\alpha_1 < \alpha < \alpha_2$ 时,x_n 有 2 个不同的聚结点；当 $\alpha_2 < \alpha < \alpha_3$ 时,x_n 出现了 4 个不同的聚结点. 这种现象称为周期倍增. 当 α 接近 4 时,x_n 会有无限多个聚结点,这个现象称为混沌(chaos). 尤其令人吃惊的是 α 的这些临界值有一个特殊关系式 $\dfrac{\alpha_{n+1} - \alpha_n}{\alpha_n - \alpha_{n-1}} \to 4.66920$ …. 这个常数称为费根堡(M. J. Feigenbaum)常数. 它是一个普适常数,即我们在许多完全不同的问题中都遇到这个常数. 这一切当然都是十分惊人的事,而且成了当前最热门的分支之一——非线性科学的研究主题.

　　我们不来讨论非线性科学,而来看一下它对整个数学的意义. 再看一个更简单的情况,在(1)中令 $\alpha = 4$ 并且作一个变换 $x_n = \sin^2 \pi \theta_n$. 经过简单的计算将得到

$$\theta_{n+1} = 2\theta_n \quad (\bmod 1) \qquad (3)$$

mod 1 表示等式两边都去掉整数部分而只看小数部分. 式(3)可以说是简单到了极点,而且其解法更简单. 假定我们所有的数都表示为二进制小数. 则 $2\theta_n$ 其实只是把小数点作右移一位,正如

$10\theta_n$ 当 θ_n 是十进小数时意味着将十进小数点向右移一位. (Mod 1)表示,如果有整数部分则应除去,而只保留小数部分. 这样的计算已经简单到了极点,它还有什么秘密呢? 问题在于式(3)这样由 θ_0 开始依次求 $\theta_1, \theta_2, \cdots$ 称为一个迭代过程,θ_0 是初始值. 初始值都是由测量而得,因此只有一定的精度. 如果说 θ_0(一般的说是无穷二进小数)有 6 位是可靠的,则从第 7 位起实际上是一个随机数. 按上述算法,θ_1 就只有 5 位数可靠,θ_2 只有 4 位可靠,仿此以往,θ_6 完全是一个随机数. 它已经不包含关于这个迭代过程——我们称之为动力系统——的任何有用信息. 所以,如方程(1),(3)这样表观上完全是决定论的方程,具有最明显的可解性,实际上隐含了我们的理智所无法理解的问题. 它是一点用也没有的. 那么,我们的数学中有多少类似于此的东西呢? 如果我们要用它,我们难道不正是在求解不可解的问题,预测不可预测的事吗? 如(3)这样的方程,实际上起了一个"噪声放大器"的作用,它会使有效信息损失. 其实,式(3)不是计算而只是复制:每一步都复制前一步结果——但是少复制一位:整数位. θ_n 既然只是 θ_0 去掉前 n 位,所以想要知道 θ_n 就需要以高 n 位的精度知道 θ_0. 这样说来,为了预测未来,就需要在现在完全知道未来. 这是一个矛盾,而且是一个哥德尔定理类型的矛盾. 我们现在看到了决定论的过程——一个非常简单的方程,很容易证明其存在与唯一性——与随机性的东西——现在是放大随机性以至信息损失殆尽——非常奇怪地结合在一起了.

既然讲到随机性,就可以问什么是随机性. 直观地说,如果我们任意地抛一个质地均匀的硬币,出现正面记作 0,出现反面记作 1,则得到的一串 0 和 1 就是随机的. 但这不是数学的定义. 20 世纪 60 年代以来,由苏联数学家柯尔莫哥洛夫(Андрей Николаевич Колмогоров,1903—1987)和美国数学家柴丁(Gregory J. Chaitin)提出,可以从算法角度来定义随机性. 如果有一个 N 位的二进数串(0,1 串),作一个最短的程序来算出它,这个程序也用 0,1 来表示,设其长为 K_N. K_N 如果很小就表示这个 N 位 0,1 串所含的信

息可以压缩.例如如下的 N 位串 $11\cdots1$ 可以用以下程序算出:
PRINT 1, N TIMES.这里 PRINT 1,TIMES 长度都是固定的,与
N 无关.但若将 N 表为二进数,其位数为 $\log_2 N$,这个程序之长为
$\log_2 N + C \approx \log_2 N$,而最短程序之长 $K_N < \log_2 N$."$11\cdots1$"显然是
非随机的,其所含信息可压缩为"PRINT 1, N TIMES".但若某个
N 位串 $(b_1, b_2, \cdots, b_N)$,$b_i = 0$ 或 1 只能用程序 PRINT$(b_1, \cdots, b_N)$
来算出,即只能"复制",而不能"计算",这时我们有 $K_N \approx N$.柯尔
莫哥洛夫-柴丁就定义适合 $K_N \approx N$ 的 N 位二进数串是随机的.对
无限的二进数串,我们考虑 $K = \lim\limits_{N\to\infty} K_N / N$,而且称为该串的复杂
性.然后我们定义 $K > 0$ 时该串是随机的.值得注意的是,绝大多
数(对懂得多一点数学的人我们说"几乎所有")二进数串具有正
复杂性,因而是随机的.我们知道任一实数都可表示为二进制.所
以上述的结论也可以说成是:几乎所有实数都不能用有限长的一
句话来定义.真正的问题是 K_N 能不能用有限长的算法算出.可以
证明,算出 K_N 之程序之长不能小于 K_N,但是尽管一个二进数串
不是随机的:其复杂性 $K = 0$,但 $K_N \to \infty$.这就是说,K_N,以及由
之而来非随机数也不一定可以用有限算法算出.我们当然不能讨
论计算复杂性的问题.现在我们真正关心的是,我们把混沌归结
到随机性,又把随机性归结为计算复杂性问题,归结为 K_N,可是
最后发现 K_N 又是不能计算的.这一切都不是来自玄想,而是在数
学上严格证明了的人类理性本身具有的局限性,问题仍旧出现在
自指(Self-reference).第二章里我们已经看到,哥德尔利用自指句
发现了他的不完备性定理.其实图灵关于停机问题的不可判定性
的证明也依赖于自指.其实,大多数物理学家还不明白,他们都面
临着十分尖锐的自指问题.

物理学家研究宇宙的一个局部.他利用这个局部宇宙"外面"
的一座钟和一支尺来测量出初始状态 S_0,然后由动力学的方程 $S = F(S_0, t)$ 推算出各个时刻的状态 S.这就是决定论.前面我们说
了,物理学家时常忘记由 S_0 到 S 可能出现混沌.但是更重要的是

他们不曾考虑到自指.因为在测量 S_0 时,他们总认为钟与尺在局部宇宙的"外面".但是,"外面"只是一个神话!只存在着各个部分互相作用的整体宇宙.被观测的对象一定与钟和尺相互作用.当然这种作用可能比较弱,但是从根本上说,是宇宙自己在观测自己.这就是"自指".如果考虑到混沌、随机性等等都是无处不在的,那么,不曾注意到哥德尔与图灵的结论的物理学家就处境不妙了,一旦微弱的相互作用或噪声被放大了,差之毫厘,谬之千里,则一切观测都将是不可能的.

回到 N 位二进数串 B,并设其复杂性为 K_B.若有一个算法 A 可以找出计算 B 的最短程序.A 的复杂性 K_A 并不小于 B.否则可以用长为 K_A 的算法先算出 A,再算出 B,所以算出 B 的最短程序不是 K_B 而是 K_A.因此 $K_A \geqslant K_B$.这已经很奇怪了.为算出 B 就要有 A,但 A 比 B 还要难算出.但是还有更严重的问题.怎样实际上去找这个算法 A 呢?我们先从一个"长"的程序开始算 B,即"复制"整个 B:PRINT B.这样至少大体可以估计到算出 B 需要多长的程序.然后再逐步改进它,以便越来越接近长为 K_B 的最短程序.但在这个过程中,怎样保证所得的每一个程序不至于永不停止?这个问题是很自然的,因为若有程序短于 K_B,则它必然永不停止,否则我们就会有短于 K_B 的程序来算出 B 而与 K_B 之定义矛盾.当然我们会想到,是不是在长于 K_B 的程序中已经有了永不停止的程序.但是,我们永远不能解决这个问题.因为图灵关于停机问题的研究已经指出这是不可判定的了.这里,哥德尔的"阴影"又一次笼罩了我们!

我们不再向下讨论了.这一节的内容比较散,而且都是现在数学家正在研究中的问题,所以没有任何一个问题有确定的答案.但是有一点是明确的:在用数学来研究宇宙时,我们会遇到越来越多的一些根本性的问题:这种研究的意义何在?在什么地方会遇到人类理性本身所具有的局限性?虽然我们只就生态学中一个很简单的模型即方程(1)提出了问题,但是人们马上就会想到,数学中的核心问题：牛顿力学、马克思威尔方程、量子物理的薛定谔方程等等，会不会也出现这种问题呢？当我们遇到了求解不可解的问题、预测不可预测的事时，上面的讨论会给我们什么样的启示和帮助呢？

"路漫漫其修远兮，吾将上下而求索."

结束语

　　我们不得不停止下来,因为我们现在涉及的问题乃是正在研究中的问题.谁也不能保证,这些问题是真正有意义的问题,谁也不知道这些问题确切的含义是什么.也许再过十年可以看得更清楚:现在我们讨论的问题真正有意义的是多少,其真正的意义又何在.几乎完全不必怀疑,现今人们最热门的话题有许多将来会退隐到深沉的黑暗中去,被人遗忘.但是到了那时,又会出现那时的新问题,所以,人们还会处于同样的境地.如果与 18 世纪数学家比较,那时他们敢于呼唤"前进吧,你就会有信心",今天的数学家还有这样的豪情吗? 有谁敢说,数学已经得到了严格的基础,数学给我们带来了完全确定的知识? 相反的,比较一致的看法是,关于数学基础是不可能有一个最终的、为一切人所接受的解决的.

　　可是,加入到数学家队伍里来的人越来越多,数学的应用范围越来越大,人们越来越懂得,一个国家的数学教育和研究的水平乃是它的不可代替的资源,是一个国家综合实力的一部分.从这个意义上说,也许很多人会同意:一个没有现代数学的文化是注定要衰落的.然而我们这本书一再强调的正是不要只从技术方面来看待数学.数学的事业是一桩伟大的探索,探索宇宙和人类自己最深的奥秘.几千年来,这一个信念鼓舞着数学家前进,只有这样才能理解,何以他们能在几乎完全看不到前景的情况下终生不懈地追求.举例来说,我们在前面一再提到哥德尔的阴影,为什么数学家实际上并不太担心这个问题呢? 我们在前面曾把数学比喻为一株参天大树,它并不是单向地只从最细微的须根向上生长的,因而只要这根最细微的根出了问题,则或迟或早数学这株大树会要倒下来,只能劈成柴火去烧.数学是向两个方向生长的,即向研究宇宙的深度;也向研究自身——作为人类的理性思维——的深度.认识宇宙会有许多不可解决的问题,我们并不因此而气馁,认识人类自己也会遇到许多难以解决的问题,又何必气馁而怀疑整个数学的价值呢?哥德尔定理不是失败的记录而是胜利的记录,是人类认识自己的伟大胜利.如果说哥德尔定理揭示了形式系统的深刻矛盾,则问题在于数学本身并不一定要是形式系统:我们是为了探索数学知识是否确切可靠,才把数学变成了一个形式系统的,或者说是从形式系统的角度来看待数学的.这又一次使我们想起盲人摸象的故事.第二章里我们说过,对数学究竟是什么我们无法回答.不识庐山真面目,只缘身在此山中.如果有人一定要讥笑数学家是盲人摸象,回答他的最好办法是:请你来试一试.但是我们又必须承认自己是盲人摸象,并且还是一只不断变化、不断发展、难以驾驭的象.我们忽然摸不着它的踪影了,但不必怀疑根本没有这只象的存在,完全可以变一个角度再"摸".形式的思维有局限,何妨用非形式的思维?形式主义有不高明之处,但有直觉主义为它作补充.不论各方面的立论之处有多少不同,作为理论的探索却是一致的.几千年的历史给我们一个信心:这样的探索是一定会有成果的,而且其成果之丰硕是我们自己无法预见的.

在本书结束的时候,我们不妨再从反面来看一下数学发展的历史.如果不是这样一种探索的精神支持,数学将是什么样,人类社会又将是什么样?那时,或者人们不去研究数学而任数学与占星卜卦混在一起,成为徐光启说的"妖妄之术",或者,人们研究数学只是为了解决眼下的实际问题,至于更深层次的问题,不但谈不到解决,甚至无法提出,因为在这本书里我们已经看得很清楚,没有相当的数学知识,根本不可能从更深的层次上反映人类的实践活动所带来的问题.那样的话,一切深刻的问题都只好交给徐光启所说的"土苴天下之实事"的"名理之儒".于是,我们不会有欧几里得,因为《几何原本》上讲的几何定理大部分还是可以摸得着的,可以凭直接经验知其为真的;就解决眼下的问题而言,承认这些定理也就行了,不需要写什么《几何原本》. 这样,我们就还不断地徘徊,不知道到了什么时候,人们才感到了有必要把自己的知识整理成有系统的体系,直到那时人们才能在认识宇宙上前进一步. 我们也不会有非欧几何. 因为即令人们终于找到另一个方法——不一定是公理方法——整理自己的数学知识,也不会对平行线公理有什么怀疑. 没有非欧几何,自然也就没有相对论,没有全部现代的物理学以及以之为基础的全部现代技术. 那样也不会有全部关于数学基础的研究,不会有形式系统这样的思想,不会有哥德尔定理,同样也不会有计算机. 更重要的是,没有人类理性思维的高度发展,人的精神状态会是什么样呢? 总之,可以毫无疑问地说,没有现代数学就不会有现代文化. 哥德有一句名言:

Wer immer strebend sich bemtüht

Den konnen wir erlösen

这句话出自《浮士德》,钱春绮的译本译作"凡是不断努力的人,我们都能搭救";郭沫若的译文则是:"凡是自强不息者,到头我辈均能救."

至于从事这项伟大事业的个人,尽管从整体上讲来是在作一项伟大的贡献,但从个人来说却很难得到什么. 其实和工人、农民一样,他们的劳动建立了人类社会的大厦,但实在说不出有哪一块砖、哪一片瓦是属于他们自己的. 这一批人中的绝大多数没有创立了不起的丰功伟绩,而只能一生默默无闻地耕耘. 他们心甘情愿地奉献了自己的一切,这就是一种文化. 要问这一批人为什么愿意付出自己毕生的精力,我想起了俄罗斯诗人莱蒙托夫的一篇名诗《童僧》. 幼小的童僧被俘以后被送进一座修道院,虽然有长老对他的关怀和爱护,但童僧还是满心渴望着自由并在一个深夜逃走. 他看到了美丽的田野,又一次获得了自由. 可是在深夜中与虎豹搏斗,受了重伤而昏迷不醒. 童僧醒来,发现自己只得到了三天自由而又被长老救回了修道院,于是他说:

我一生要没有这幸福的三天,

那它比起你这衰老的残年,

还要更凄惶,还要更悲惨.

人名中外文对照表

阿比卜/Michael Arbib

阿波罗尼乌斯/Apollonius

阿达玛/Jacques Hadamard

阿基米德/Archimedes

阿克尔曼/Wilhelm Ackerman

艾麦斯/Ahnmes

爱丁顿/Arthur Eddington

爱尔朗根/Erlangen

爱伦菲斯特/Ehrenfest,Paul

爱歇尔/Maurits Cornelis Escher

奥尔伯斯/Heinrich W. M.
　　Olbers

柏拉图/Plato

庞加莱/Henri Poincaré

贝尔/René Baire

贝尔奈斯/Paul Bernays

贝尔特拉米/Eugenio Beltrami

贝索/Michele Besso

本特利/Richard
　　Reverend Bentley

比奥西亚/Boetia

毕达哥拉斯/Pythagoras

边沁/Jeremy Bentham

波恩/Max Born

波莱尔/Emile Borel

波普/Alexander Pope

波斯特/Emil Post

勃洛翰/Brougham

布尔/George Boole

布劳威尔/L. E. J. Brouwer

布鲁诺/Giordano Bruno

布喇/Tycho Brahe

查理一世/Charles Ⅰ

柴丁/Gregory J. Chaitin

达尔文/Charles Robert
　　Darwin

戴德金/Richard Dedekind

道尔顿/John Dalton

德·摩根/De Morgan

德西特/de Sitter

狄安娜/Diana

狄德罗/Denis Diderot

狄利克雷/Peter Gustav
　　Lejeune Dirichlet

笛卡儿/René Descartes

丢番都/Diophantus

厄阜/R. Eötvös

费马/Pierre de Fermat

费根堡/M. J. Feigenbaum

冯·诺伊曼/J. von Neumann

弗莱格/Gottlob Frege

伏尔泰/François-Marie
　　Voltaire

伽尔文/Jean Calvin

伽利略/Galilei Galileo

惠更斯/Christian Huygens

伽罗瓦/Evariste Galois

盖伦/Galen

高斯-邦尼/Ossian Borlnet

哥白尼/NicoJaus Copernicus

哥德尔/Kurt Gödel

格拉斯曼/Hermann Gfinther
　　Grassmann

根岑/Gerhard Gentzen

哈尔斯泰德/G. B. Halsted

哈雷/Edward Halley

哈密尔顿/Alexander Hamilton

哈密尔顿/W. R. Hamilton

海廷/Arend Heyting

亥姆霍兹/Hermann von
　　Helmholtz

汉斯·勒维/Hans Lewy

赫尔曼·维纳/Hermann
　　Wiener

胡克/Robert Hooke

怀特海/A. N. Whitehead

霍布斯/Thomas Hobbes

加莫夫/George Gamow

杰弗逊/Thomas Jefferson

卡丹/Gerolamo Cardano

卡纳普/R. Carnap

凯莱/Arthur Cayley

凯撒/Julius Caesar

康德/Immanuel Kant

康托尔/Georg Cantor

考克塞特/H. S. M. Coxeter

柯尔莫哥洛夫/Андрей Нико-

数学高端科普出版书目

数学家思想文库

书　名	作　者
创造自主的数学研究	华罗庚著;李文林编订
做好的数学	陈省身著;张奠宙,王善平编
埃尔朗根纲领——关于现代几何学研究的比较考察	[德]F.克莱因著;何绍庚,郭书春译
我是怎么成为数学家的	[俄]柯尔莫戈洛夫著;姚芳,刘岩瑜,吴帆编译
诗魂数学家的沉思——赫尔曼·外尔论数学文化	[德]赫尔曼·外尔著;袁向东等编译
数学问题——希尔伯特在1900年国际数学家大会上的演讲	[德]D.希尔伯特著;李文林,袁向东编译
数学在科学和社会中的作用	[美]冯·诺伊曼著;程钊,王丽霞,杨静编译
一个数学家的辩白	[英]G.H.哈代著;李文林,戴宗铎,高嵘编译
数学的统一性——阿蒂亚的数学观	[英]M.F.阿蒂亚著;袁向东等编译
数学的建筑	[法]布尔巴基著;胡作玄编译

数学科学文化理念传播丛书·第一辑

书　名	作　者
数学的本性	[美]莫里兹编著;朱剑英编译
无穷的玩艺——数学的探索与旅行	[匈]罗兹·佩特著;朱梧槚,袁相碗,郑毓信译
康托尔的无穷的数学和哲学	[美]周·道本著;郑毓信,刘晓力编译
数学领域中的发明心理学	[法]阿达玛著;陈植荫,肖奚安译
混沌与均衡纵横谈	梁美灵,王则柯著
数学方法溯源	欧阳绛著
数学中的美学方法	徐本顺,殷启正著
中国古代数学思想	孙宏安著
数学证明是怎样的一项数学活动?	萧文强著
数学中的矛盾转换法	徐利治,郑毓信著
数学与智力游戏	倪进,朱明书著
化归与归纳·类比·联想	史久一,朱梧槚著

数学科学文化理念传播丛书·第二辑	
书　名	作　者
数学与教育	丁石孙,张祖贵著
数学与文化	齐民友著
数学与思维	徐利治,王前著
数学与经济	史树中著
数学与创造	张楚廷著
数学与哲学	张景中著
数学与社会	胡作玄著

走向数学丛书	
书　名	作　者
有限域及其应用	冯克勤,廖群英著
凸性	史树中著
同伦方法纵横谈	王则柯著
绳圈的数学	姜伯驹著
拉姆塞理论——入门和故事	李乔,李雨生著
复数、复函数及其应用	张顺燕著
数学模型选谈	华罗庚,王元著
极小曲面	陈维桓著
波利亚计数定理	萧文强著
椭圆曲线	颜松远著